57

葡萄酒的第一堂课

从葡萄到美酒

（美）丹·阿麦都兹　著
Dan Amatuzzi

东南大学出版社
·南京·

目录

FRIULANO

序言

2010年春天，乔·巴斯提尼奇和我以及我们在Eataly的合作伙伴就在考虑谁将在纽约市第五大道200号、尚未竣工的4 645平方米的庞然建筑内开店驻扎。该店在开业初期就将容纳超过600名的服务生、厨师、装料工、收银员，以及意大利美食专家等。

丹·阿麦都兹当时是奥托的格林威治村地中海菜品和比萨店的葡萄酒总负责人。该店如今依然是一个葡萄酒订单可能比菜品订单多得多的销售量巨大的餐厅。约1 000个品种的葡萄酒在供应单中超过了三页。在很短的时间内，阿麦都兹在奥托形成了一个懂酒、爱酒的粉丝群，顾客们欣赏他在饮酒中表现出的轻松悠闲、热情洋溢和渊博知识。他成了奥托的酒品、食品咨询专家以及有趣派对中不可或缺的人物。

毫无疑问，我们会想方设法促使展示在知名连锁美食城Eataly的葡萄酒以更快的步伐受到纽约人和游客的欢迎——在露天广场展销灰品乐、巴巴罗萨，或者以一个巨大的酒瓶装着托斯卡纳桑乔维斯，作为在曼佐的超过一小时之久的晚餐用酒。阿麦都兹在Eataly实施的葡萄酒计划，使得这些美酒出现在每一个啜饮吧台以及各家餐厅的菜单中。

在很短的时间内，阿麦都兹在Eataly已经成为了酒的形象代言人，我们巴塔利-巴斯提尼奇酒店集团葡萄酒部门的顶级专家。他已经影响了我们的主厨和管理者对葡萄酒和侍酒的认知，当然也影响着顾客们对待葡萄酒的方式。

有些葡萄酒专家由于过度展现自己葡萄酒知识的深度，反倒误导了初涉葡萄酒的人们，深奥而聪明的阿麦都兹显然不在其中。他是一个改革者，引领侍酒的未来，他为人低调，能够发掘一些鲜为人知的葡萄酒的真正地理特殊性及价值所在。他对葡萄酒情有独钟，是当之无愧的葡萄酒的“伯乐”。

这是他的第一本书，会让所有读到它的人能够成为更明智的葡萄酒饮用者、爱好者和消费者。这本书展现了葡萄酒世界的过去和现在，以及具体到葡萄品种、酒的口味和个性。更为重要的是，它使得每一位酒客能够更好地了解到：在一杯葡萄酒中，究竟要去寻找什么，品味什么。

也正是因为阿麦都兹，纽约人开始在寻求美食的午后品味一杯玫瑰红酒，无限放松地体验这其中的乐趣，让身心在超越与放空间洒脱……

那是一件很美好的事情。

与朋友一起分享喜悦，分享一杯美酒。

马里奥·巴塔利

水中能映出一个人的脸，而酒中能察觉出一个人的内心。

——法国谚语

前言

关于我是如何进入葡萄酒行业的，这其中并没有什么动人的故事，可以说是偶然的机会使我陷进去的。我的父母每天饮用定量的葡萄酒，保持着其中的简单和由此带来的乐趣。我仍然记得每个周日，我们一大家子人会聚在一起享用大餐，通常会有添加了番茄酱的意粉（也称通心粉），而葡萄酒则是餐中必不可少的。

在大学期间，我在欧洲学习了一个学期。在意大利的佛罗伦萨，我见识到很多不同的葡萄酒。这些美酒将人们聚集在一起，让他们开怀大笑、载歌载舞。这些复杂而精致的美酒，其本质却又是那么的简单，我决定要细细研究一番。回国后我把很多时间和精力都投入到葡萄酒上。大学毕业后我尝试过卖酒，但我觉得该职业限制了我，因为它使我自己仅仅知道有关公司的投资组合，而我想要了解更多。在我作为葡萄酒代理商的任期内，我会见过不少餐饮总监，以及在纽约高级餐厅工作的侍酒师，他们看起来很酷：身穿套装，优雅而专业，一周5~6天（也可能是7天，取决于他们休息日做什么）他们眼中看到的都是葡萄酒。我渴望加入他们的行列。

经营餐馆是很艰难的。某一天，你爱着它；而另外一天，你可能就会厌恶它。在服务性行业，你能很快就学会竞争，找出究竟什么最适合你。不管我的学位是什么，如果没有任何实践经验，我是注定要从最底层开始做起的。我开始了我的旅程，先是做“洗碗工”，一步步做到乔·巴斯提尼奇和马里奥·巴塔利餐厅的“抛光工”，就是为玻璃杯和银器抛光。尽管这看起来跟葡萄酒毫不相关，但我知道，给玻璃杯抛光对享用葡萄酒非常重要，一个有瑕疵的酒杯很有可能会毁掉美好享受的经历，甚至会完全转变一个人对葡萄酒的态度。抛过光的玻璃杯通体透亮，光泽完美，相信每个玻璃杯都会为下一个使用者带来一次影响生活的完美体验。

我不停地填补着餐馆的各种职位空缺，最终获得了侍酒师资格认证。在整个旅程中，我品尝过成千上万种葡萄酒。如果说我学会了什么，那就是我依然是葡萄酒的学生。如果要了解葡萄酒的所有知识，这一生未免太短暂了。但如果你一次尝试一种酒，得到其中的信息，并一直保持这样的趣味，那么一路走来，在葡萄酒广阔而美丽的世界中，你会走得比想象的更远，也会有更坚定的信心和信念去获得更多的美酒内涵。

如何定义美味？每个人的意见都是不同的。对于评价葡萄酒，有必要掌握一些基础知识。享用葡萄酒是一种体验，每个人的体验会有所不同。随着时间的推移，对于葡萄酒品鉴的自信会油然而生，其中最重要的就是要坚持到底和大胆选择。当然，享用葡萄酒是一件很放松的事儿，千万别太严肃了。

Dan J. Amatuzzi

丹·阿麦都兹

A
TONNELLERIE
MTL
108
FRANCE

1.

葡萄酒基础知识

掌握一些有关葡萄酒的基础知识，你就能很快地对酒品作出基本判断。葡萄酒是如何酿制的，如何品尝，是什么让一款酒和另一款酒区别开来，这些都将为你和这一令人垂涎的饮料建立终生的联系奠定基础。

什么是葡萄酒?

葡萄酒最普通的形式不过是发酵的葡萄汁而已。酿酒商在压碎的葡萄中加入酵母，促使葡萄汁中的糖转化成酒精。许多方法能够改变葡萄酒的最终状态，例如，在将葡萄压碎的过程中长时间保留葡萄皮进行浸泡，在橡木桶中使酒熟化，以及将不同品种的葡萄混合到一起。酿酒葡萄品种的变化也能够使生产出的葡萄酒产生不同的风味和芳香。

为何不用其他水果来酿酒?

虽然其他水果的汁液也可以发酵，但是它们的糖分含量通常会使酿制出的饮料太甜或呈果酱状。葡萄果实的糖酸比例完美，能使所有的糖都转化为酒精。

用超市售卖的葡萄酿制葡萄酒可行吗?

在超市待售的鲜食葡萄是能够用于酿制葡萄酒的，但是风味和芳香自然没有酿酒葡萄酿出的酒那么让人满意。因为鲜食葡萄是生长到最大产量（而不考虑它们的质量）的浆果，迫不得已才会用来酿酒。

如何知道哪些葡萄酒才是自己喜欢的呢?

享受葡萄酒是个主观的过程。全世界有很多优秀并且有影响力的葡萄酒评论家，但是评价葡萄酒最重要的法官是自己。不要被别人说的什么而迷惑，跟着你自己的感觉走。评价一款葡萄酒的时候需要关注以下几点：

- 酒体和颜色
- 芳香
- 风味
- 回味

我们将会更加详细地解释以上这几点，考虑一款葡萄酒的这些要素，这对于决定你的喜好是非常重要的。

不同种类的葡萄酒

通常，大约需要1千克葡萄，或者差不多100颗葡萄来酿制一瓶葡萄酒。

葡萄酒有六种主要的类别，它们在酿制方式上略有差异。

白葡萄酒 将葡萄压碎并剔除果皮的汁液酿制。

红葡萄酒 压碎葡萄并长时间浸渍葡萄皮酿制。

桃红葡萄酒 压碎葡萄并较短时间浸渍葡萄皮酿制，也可通过将白葡萄酒和红葡萄酒混合酿制。

起泡葡萄酒 通过保留酒精发酵期间产生的二氧化碳酿制而成。

餐后甜酒 通过阻止发酵从而保留一些糖分酿制，这种葡萄酒甜而富有果味。

加强型葡萄酒 酒精含量较高，是通过添加中性风味的烈酒强化酿制而成。

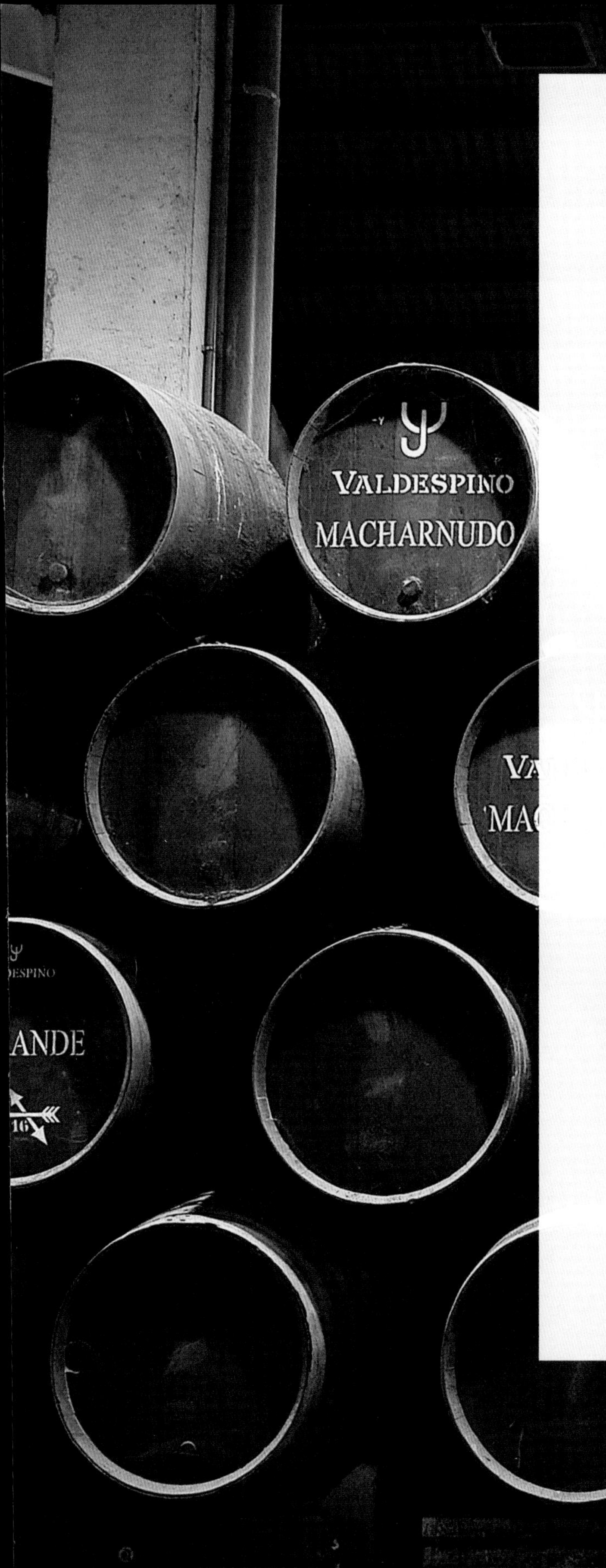

如何着手?

可以从某一个特定地区的酒开始葡萄酒的旅程。来自同一地区的葡萄酒通常在酒体、风味，甚至有时候在价格上都类似。比如美国加州，可以尝试一些由霞多丽、赤霞珠和美乐酿制的葡萄酒，如果你觉得不错，就可以开始寻找你所喜欢的同一款酒的不同生产商。接着，就可以在世界其他区域搜索同种葡萄酿出的酒品。

如果你对来自同一地区的所有葡萄酒都不感兴趣，或许你更适合从世界的另一个区域开始。这并不等于你永远不会喜欢来自加州的葡萄酒，只是你得费些时间来接纳它。品尝越多的葡萄酒，你的味觉系统就越发达，将欣赏到酒中某些之前从未被你察觉的特质。

什么成就一款出色的葡萄酒?

葡萄酒制造商的诸多因素都会影响最终产品的品质，但是所有的葡萄酒都开始于葡萄，所以葡萄的质量是极度重要的。葡萄园的地形、海拔、太阳光的照射、葡萄树的密度、葡萄藤如何修剪，以及气候条件等因素都会影响葡萄的生长和成熟。

一旦葡萄成熟，它们就被从葡萄藤上摘下带进酿酒厂。在这里，葡萄酒制造商将决定如何生产葡萄酒。但是，如果没有高品质的葡萄，酿酒厂的任何因素都不重要。

PRODUZIONE
1983
N° 14137

什么决定一款葡萄酒的价格?

决定一款葡萄酒的价格有很多因素。葡萄的来源、采摘方式（手工采摘还是机器采摘）、酿制的场所、市场推广手段，以及在评论家当中的受欢迎程度等，这些都是影响葡萄酒价格的因素。由于酒桶的成本高，在橡木酒桶里熟化的葡萄酒通常更贵。

越贵的葡萄酒越好吗?

当然不！提升品酒技巧的最好方法就是从简单款的酒开始，确定自己的喜好和顾忌。你会发现一些你最喜欢的葡萄酒价格通常远低于你的预算。在买酒的时候，价格并不总是能反映质量。

陈年一些的酒如何?

一款葡萄酒的质量和它所带给你的满足感的评判基本上取决于你自己。每年酿制的葡萄酒中，需要熟化五年以上的酒不超过1%，大多数葡萄酒都是在装瓶后的小几年内其品质达到最佳状态。

葡萄酒该储藏在什么温度下?

大多数热衷葡萄酒的人相信，享受起泡酒和白葡萄酒前需要将它们冷藏，通常在10~15℃；红葡萄酒储藏温度略高些，在15~20℃。储藏温度过低则会压制葡萄酒的果味和芳香，那样的话葡萄酒带来的诸多美妙感受将会被错失。而温度过高的话，则会使葡萄酒中的酒精变得更加显而易见，鼻子受到轻微的刺痛感和灼热感，在这种情况下，酒精味压过葡萄酒的芳香和回味，你再一次错过葡萄酒令人愉快的享受。当然，以上提出的储藏温度只是个笼统的范围，葡萄酒的最佳饮用温度一直是葡萄酒品鉴的主题之一。如果在结束一天的工作之后，你喜欢在室温条件下品尝白葡萄酒和加冰的红葡萄酒……顺其自然吧！

用软木塞的葡萄酒优于用螺帽的吗?

正如享受葡萄酒的感受是主观的一样，葡萄酒制造商选择他们认为对葡萄酒最好的方式进行密封。没有任何理由认为一款葡萄酒用螺帽或者一些其他的东西，而不是用软木塞密闭的便是便宜货。恰恰许多高档的葡萄酒和高质量的葡萄酒都不是用软木塞密闭的。

也许客人随时会到，你是否需要将葡萄酒冷藏起来？通常的做法是将葡萄酒瓶放进冰箱，如果是红葡萄酒需要 10 分钟，如果是白葡萄酒或者起泡酒则需要 20 分钟。你也可以把酒瓶浸泡到盛有冰水的盆子里以快速降低葡萄酒的温度。

饮用葡萄酒有哪些益处?

如果有节制地饮用，葡萄酒通常被认为对健康长寿有着积极作用。

饮用葡萄酒可降低体内坏的胆固醇(LDL)，阻止它在动脉管壁累积并使血小板凝结，从而控制动脉变硬以及血压上升。葡萄酒同样可以提高好的胆固醇(HDL)含量，有助于避免心脏病的发生。

酿制红葡萄酒的过程需要浸渍压碎的葡萄皮，葡萄汁吸收葡萄皮中的多酚类和其他抗氧化剂物质。多酚类物质能够保持血管柔韧，降低凝血的风险，同时也能提高对感冒的抵抗力。

白藜芦醇是红葡萄酒中最受称赞的成分，它有助于降低血糖和血压。试验表明，白藜芦醇能通过阻碍诱发老年痴呆症的蛋白形成，从而有助于保持头脑敏捷。也有试验表明，白藜芦醇在一定程度上可对抗癌症。到目前为止，有关白藜芦醇的试验结果都是令人鼓舞的。弗吉尼亚大学的研究者们发现，每周从3~4杯红葡萄酒中获得的白藜芦醇，或许已经足够扼杀早期的癌细胞。

白皮杉醇是从白藜芦醇转化而来的化合物，它对身体也有益处。白皮杉醇结合到胰岛素受体上，阻碍脂肪细胞的形成。

葡萄酒中的酸有助于消化。随着身体衰老，体内帮助消化的酸的分泌功能受阻，而葡萄酒则会帮助胃里食物分子的分解。

它对你不可能只有好处，是吗?

就像生命中的许多事情一样，葡萄酒的饮用应该是有节制的。如果过量饮用，葡萄酒所有的积极作用都将丧失，最容易引发的健康问题就是肝病。

如果身体吸收过量的酒精，肝脏将会在过滤毒物的功能上出现障碍。长远来说这能导致肝功能衰竭。

过量的酒精同样能减弱心肌功能并且导致心肌病，其中一种情况就是心脏不能将血液输送到全身。

有偏头痛病史的人通常被建议控制饮酒量，因为葡萄酒中发现的组胺和单宁会诱发偏头痛。

酪胺是一种在葡萄酒中发现的氨基酸，能导致大脑血管收缩。在饮酒的第二天，当血管扩张开的时候会出现头痛症状。多喝水和吃些东西能够帮助身体吸收酪胺。

体重增加可能是过量饮用葡萄酒的另外一个后果。葡萄酒含有“空的卡路里”，虽然没有太多营养却增加了不少热量。如果长期饮酒却没有足够的锻炼，势必会导致体重增加。

在世界各地，法国人消费了大多数的葡萄酒，平均每人每年要喝将近56升，几乎每天一杯。与之相比，美国人平均一周才喝一杯葡萄酒。

2010年对超过4 000人的调查发现，那些持续一年每周喝一杯葡萄酒的人患感冒的风险降低40%。

一杯175毫升的葡萄酒含有大约500焦耳（120卡）热量。

主要葡萄品种

遍布世界生长的许多葡萄品种可以生产葡萄酒。葡萄在不同的土壤和气候条件下生长，酿出的葡萄酒就会产生不同的芳香和风味。下面列举一些最可能在葡萄酒商店陈列的品种。

主要的白葡萄酒品种

阿尔瓦里尼奥

Alvarinho

最著名的产区：西班牙；葡萄牙。

风味表现：杏子，桃子，奶油，柑橘。

在葡萄牙，这种高贵的白葡萄用来生产当地最重要的白葡萄酒——葡萄牙绿酒(Vinho Verde)。它在西班牙也有种植，酿造令人振奋的新鲜白葡萄酒，是贝壳类食物和头道菜理想的搭配，尤其是在加利西亚。葡萄皮比普通葡萄更厚，所以只取其中的一小部分来提取葡萄汁、酿酒，否则酿出酒将会含有太多的单宁，失去其新鲜和干爽的魅力。

霞多丽

Chardonnay

最著名的产区：法国勃艮第和香槟；美国加州；澳大利亚。

风味表现：苹果，梨，香草，葡萄柚，柠檬，甜瓜。

霞多丽在全世界都有生长，并且用于酿制大量单调而乏味的葡萄酒。如果精心培育，霞多丽可用于在世界任何地方酿制出最好的白葡萄酒。它同时也是用于酿制起泡酒的最重要的葡萄之一。

白诗南

Chenin Blanc

最著名的产区：法国卢瓦尔河谷；南非。

风味表现：蜂蜜，梨，成熟的热带水果。风味丰富，果味突出。

白诗南天然糖分含量高，酿制的葡萄酒与其他葡萄酒比起来，风味丰富而甜腻。也有一些非常好的干型葡萄酒，以及许多高端并且值得珍藏的半干型酒、餐后甜酒，以及起泡酒。如果葡萄过熟，葡萄酒品尝起来会感到松弛而甜腻；但如果酿制得很好，它们在复杂性上能与大部分其他白葡萄酒竞争。

来自新西兰的霞多丽

琼瑶浆

Gewürztraminer

最著名的产区：德国；法国；奥地利；意大利；美国加州。

风味表现：玫瑰花瓣，荔枝，亚洲香料，丁香，肉豆蔻。

拥有最难发音的名字的琼瑶浆干白葡萄酒被认为是香味最浓郁的白葡萄酒之一。它起源于意大利北部的特拉民小镇，通常被推荐搭配亚洲菜肴。它的名字源于德语*gewürz*，意思是“五香的”。这种葡萄果皮呈深黄色或粉红色，因而葡萄酒的颜色通常比其他白葡萄酒更深，有着金色葡萄干和桃肉的色泽。

绿维特利纳

Grüner Veltliner

最著名的产区：奥地利；美国加州；德国；意大利。

风味表现：杏仁，燧石，柠檬香草，甜瓜，绿薄荷，香草。

这是奥地利种植范围最广的葡萄品种。奥地利气候凉爽，这种葡萄酿出的酒干爽，色浅，浓郁而提神。这种被称为“格鲁纳”的葡萄在世界其他地方也有种植，但主要集中在奥地利和德国，以及意大利北部的一些地区。

麝香

Muscat

最著名的产区：法国；意大利；美国加州。

风味表现：金银花，接骨木花，桃子，梨。

麝香葡萄在全世界范围内有许多种系和分支，都有着标志性的芳香和风味。这种葡萄是世界范围内酿制甜酒的主要品种，无论是普通甜酒、特甜酒，还是微起泡餐酒。

灰品乐

Pinot Gris

最著名的产区：意大利；法国；美国俄勒冈州；匈牙利；罗马尼亚。

风味表现：柠檬，酸橙，香草。

大部分以灰品乐酿制的酒特征明显，具燧石味，新鲜得足以助兴。通常酒体明亮。如果葡萄产量过多，酿出的酒辛辣，且平衡性差。在美国的餐馆其售卖量也是数一数二的。这种葡萄的葡萄皮泛灰色和粉色，如果在酿酒的过程中长期浸渍葡萄皮，就会产生粉红色和铜色的葡萄酒。意大利人给这种风格的酒贴上“*ramato*”的标签，翻译过来就是“铜”。

灰品乐葡萄

雷司令

Riesling

最著名的产区：德国；法国；澳大利亚；奥地利。

风味表现：橘子，汽油，羊油，杏子。

这种葡萄的生长地通常气候凉爽。其拥趸者最热衷于它的酸度。这款酒的酿制过程残留有糖分，可以与多种食物搭配。它是德国土著品种，在德国种植历史超过2 000年。

长相思

Sauvignon Blanc

最著名的产区：法国卢瓦尔河谷；新西兰；澳大利亚；美国加州。

风味表现：猕猴桃，热带水果，香草，青草，墨西哥胡椒，燧石，烟熏味。

被称为“冒烟”的白葡萄，暗示着它的烟熏味和燧石味的特性，这种特性在酿出的葡萄酒中也能体现出。“长相思”这个名词由罗伯特·蒙达维所撰，代表产区或者葡萄主要生长区域的名字：Pouilly-Fumé，在这里，长相思占据绝对支配地位。在欧洲，这种葡萄酒趋向于更加低度、新鲜和干爽；然而在新西兰和澳大利亚，这种葡萄酒酒体更重而丰富，有着更多的果味和芳香。

特雷比奥罗

Trebbiano

最著名的产区：意大利；法国；美国加州。

风味表现：葡萄柚，干草，甜瓜。

世界范围内广泛种植，尤其是欧洲。它易于栽培且产量很高，成为许多混合葡萄酒理想的葡萄品种。在法国，它被用于酿制著名的白兰地酒：阿马尼亚克和科尼亚克，同样也在世界其他地方用于酿制白兰地。

维欧尼

Viognier

最著名的产区：法国罗纳河谷，法国南部；澳大利亚；美国加州。

风味表现：花香，桃子，蜂蜜，香蕉，奢华感十足。

许多人认为它是世界上最芳香的白葡萄。在法国，来自孔德里约的葡萄酒是这种葡萄最高贵的出品，但产量日削。一些生产商为了生产出甜腻的甜酒和微甜酒，会让这种葡萄生长更长时间，以便形成更多的糖分。这种葡萄产量较低，且容易发病，所以种植得少而偏远。

长相思葡萄

主要的红葡萄酒品种

品丽珠

Cabernet Franc

最著名的产区：法国卢瓦尔河谷和波尔多；美国加州。

风味表现：樱桃，香草，蔬菜，香料。

品丽珠通常被认为是种植得更普遍的赤霞珠的亲本之一。全世界都有生长，喜好凉爽气候，成熟得较晚。如果在不太成熟时采摘，酿成的葡萄酒有灯笼椒的芳香和风味。许多最佳的酒款来自法国的卢瓦尔河谷，尤其是希农地区。在波尔多地区常用于与赤霞珠和美乐混合酿制。

来自法国波尔多的赤霞珠葡萄

赤霞珠

Cabernet Sauvignon

最著名的产区：法国波尔多；澳大利亚；美国加州；意大利；西班牙；南美地区。

风味表现：黑醋栗，李子，黑莓，桉树。

正是这种葡萄使得加州红酒在世界闻名，尤其是纳帕和索诺玛产区。它也是波尔多左岸的主要葡萄品种。高单宁和酸含量使得酿出的酒拥有无与伦比的熟化潜力。赤霞珠酿制世界上最受欢迎的红酒，可生长于每一个有酿酒潜力的区域。

佳美娜

Carmenère

最著名的产区：智利；法国；意大利。

风味表现：蓝莓，天竺葵，樱桃，黑橄榄。

波尔多的非主要葡萄品种之一（有时称之为波尔多的第六种葡萄），在智利也能很好地生长。它在高海拔和海岸葡萄园里生长得尤其好。酿出的酒柔滑，果味浓厚，未经陈放时饮用效果最佳。

科尔维纳

Corvina

最著名的产区：意大利威尼托。

风味表现：无花果，樱桃，皮革，李子干，葡萄干。

这是生长在意大利北部瓦尔波利塞拉的酿酒葡萄。如果在压榨酿制之前葡萄已经风干，酿出的酒被称为阿玛朗尼酒。这些葡萄酒酒精含量高，有着李子干、无花果和香草的浓郁风味，单宁含量高，有着苦味。“阿玛朗尼”这个名字起源于意大利语“amaro”，意思是“苦”。

加美

Gamay

最著名的产区：法国博若莱。

风味表现：覆盆子，香蕉，桃子。

自然的低单宁和高酸度，这种葡萄酿出轻型、易饮的葡萄酒。高档酒产自博若莱地区指定葡萄园。在世界其他地方也有种植，但是只用少量加入到混合葡萄酒中以增加新鲜度。

歌海娜

Grenache

最著名的产区：西班牙；法国；意大利；澳大利亚；美国加州。

风味表现：黑莓，李子，干草，皮革，焦油，香料。

歌海娜葡萄在炎热和干燥的气候下茁壮成长。它的根组织非常强壮，能够种植在多风的地区抵挡狂风的侵袭。葡萄中天然的高糖分被转化成高酒精度，酿出的酒非常强劲，单宁慑人。它是在西班牙种植最为广泛的黑葡萄品种，也在世界其他气候炎热的地区广泛种植。在法国，歌海娜大多数生长在南方，常和西拉混合，用在罗纳河地区著名的陈酿美酒中。

马贝克

Malbec

最著名的产区：法国；阿根廷；意大利；美国加州。

风味表现：黑樱桃，薄荷，黑橄榄，太妃糖，蓝莓。

在全法国都有生长，尤其在波尔多地区、卢瓦尔河谷和卡奥尔地区，酿出的酒色深、风味丰富、富含单宁。在阿根廷的山谷和平原地区，这种葡萄已经成为最受欢迎的品种。在阿根廷这种葡萄酿制的酒单宁柔滑，蓝莓风味突出。

美乐

Merlot

最著名的产区：法国波尔多；美国加州，华盛顿州；意大利。

风味表现：李子，黑莓，红醋栗，香草，薄荷。

在波尔多地区广泛种植，在那里它通常被用作混合酒的原料之一，以增加酒的色泽、使酒体丰满。它在潮湿的土壤（黏土）中生长得很好，酿出的酒色泽饱满，果味丰富。

内比奥罗

Nebbiolo

最著名的产区：意大利皮德蒙特。

风味表现：蔓越橘，蘑菇，香草，太妃糖，松露，紫罗兰。

它的名字来自意大利单词*nebbia*，意思是“雾”，暗示常年弥漫在皮德蒙特山谷的雾。由于富含单宁和酸，这种葡萄可酿出在意大利最有价值、可以陈放的美酒。酒色很淡，在年轻的时候极其强劲，很有吸引力。随着时间的推移，则会散发出令人难以置信的松露、蘑菇、水果干和牛皮的复杂芳香和风味。

意大利皮德蒙特的内比奥罗葡萄

品乐塔吉

Pinotage

最著名的产区：南非；美国加州；新西兰。

风味表现：花，香草，覆盆子，樱桃。

一种由黑品乐和神索葡萄杂交而来的葡萄品种。南非人把这种葡萄称为“艾米达吉”，也就是品乐塔吉这个名字的由来。酿出的酒清淡，酒体中等，使人联想到年轻的黑品乐酒。在南非之外种植的品乐塔吉质量参差不齐，但也有些出品会令人眼前一亮。

黑品乐

Pinot Noir

最著名的产区：法国勃艮第；美国俄勒冈州；新西兰。

风味表现：蘑菇，覆盆子，紫罗兰，薰衣草，野味，无花果，李子干。

黑品乐被认为是最难栽培的葡萄之一。需要凉爽的生长环境；皮薄，因而易患病、腐烂。酿出的酒色泽不太饱满，但质感强劲，风味复杂。年轻的黑品乐酒通常展现出樱桃、李子和树莓的风味；陈年后则呈现出朴实的蘑菇、皮革和马铃薯风味。葡萄酒痴迷者会花费一生的时间和财富去甄别法国勃艮第葡萄园出产的佳酿间的差别。在全世界酿制的黑品乐酒有许多出色的款别，但勃艮第酒永远是黑品乐酒的标杆。在法国香槟地区和世界其他地方，黑品乐也用来酿制起泡酒。

桑吉奥维斯

Sangiovese

最著名的产区：意大利；美国加州。

风味表现：皮革，焦油，樱桃，覆盆子。

意大利中部的主要葡萄品种，尤其是在基安蒂地区以及蒙塔尔奇诺地区。在蒙塔尔奇诺，它被称为布鲁内洛（Brunello）。大多数葡萄酒无需陈年，但是有些葡萄酒，尤其是来自蒙塔尔奇诺地区的酒，能够陈化数十年。桑吉奥维斯在意大利的成功促进了它在加州和南美地区的广泛种植。

西拉

Syrah

最著名的产区：法国；澳大利亚；美国加州。

风味表现：焦油，香料，胡椒，黑莓，红醋栗，李子，雪茄盒，烟草。

也被称为设拉子（Shiraz）。这种葡萄酿出的酒强劲、风味丰富。厚厚的葡萄皮富含色素，使得酒体厚重、浓郁，并富含酒精。在法国，这种葡萄遍布罗纳河谷，最出色的酒品产自科尔纳斯、罗第丘和帕普（教皇）新堡。在澳大利亚，正是因为它使得巴罗萨地区成为顶级佳酿的产地。西拉酒酒体厚重、浓烈、富有结构感，果香浓郁，劲道十足。

添普兰尼洛

Tempranillo

最著名的产区：西班牙；阿根廷。

风味表现：草莓，香料，马铃薯，玫瑰，丁香。

西班牙最重要的葡萄品种，遍布全国，著名的出品包括里奥哈和杜罗河酒。这种葡萄酒在年轻的时候酒体丰富，果汁感强，随着时间的推移，则呈现出干果和香料的芳香。

增芳德

Zinfandel

最著名的产区：美国加州；南非；澳大利亚；意大利。

风味表现：大茴香，黑樱桃，李子，葡萄干，无花果。

被认为是美国最重要的葡萄品种，在某种程度上是因为在其他国家种植较少。它在炎热和干旱的气候条件下生长得很好。酿出的酒浓郁且酒精含量高，单宁紧实。从遗传学角度来讲，它和意大利南部的普里米蒂沃（Primitivo）是同一种葡萄。

2.

葡萄的生长

种植葡萄不是一件容易的事情。许多不可控的因素在一年中的任何时候都可能出现，包括霜冻、冰雹、干旱、火灾、地震或者山崩；病虫害问题也是难以避免。因而酿酒的过程颇费精力和物力。值得庆幸的是，葡萄酒制造商已经学会如何运用科学和技术生产出优等的葡萄酒。不过即便如此，如果在收获前遭遇前面提及的麻烦，技巧和经验也会毫无用武之地，葡萄园很可能一无所获。

冬天

在北半球，葡萄园的管理工作始于冬季，工人们在葡萄树的行间劳作，修剪上一年残留的枝叶。在2月或3月，葡萄树被上升的土壤温度触发，开始“吐水”。在这一过程中，葡萄树的根吸水，树液从藤条末端或者树干排出。吐水的信号告诉葡萄酒制造商，要开始修剪葡萄树迎接春天了。

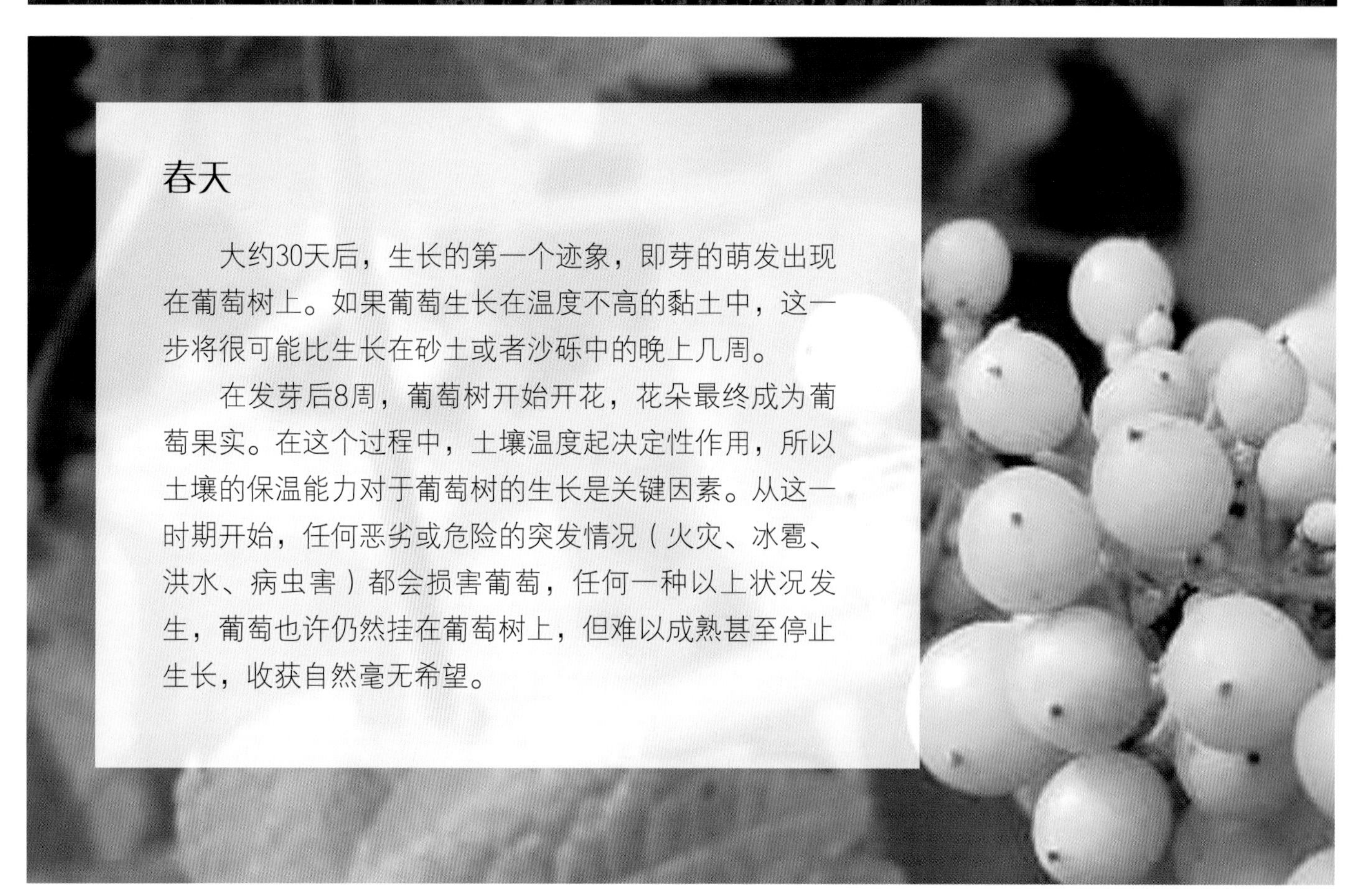

春天

大约30天后，生长的第一个迹象，即芽的萌发出现在葡萄树上。如果葡萄生长在温度不高的黏土中，这一步将很可能比生长在砂土或者沙砾中的晚上几周。

在发芽后8周，葡萄树开始开花，花朵最终成为葡萄果实。在这个过程中，土壤温度起决定性作用，所以土壤的保温能力对于葡萄树的生长是关键因素。从这一时期开始，任何恶劣或危险的突发情况（火灾、冰雹、洪水、病虫害）都会损害葡萄，任何一种以上状况发生，葡萄也许仍然挂在葡萄树上，但难以成熟甚至停止生长，收获自然毫无希望。

夏天

在6月之前，葡萄的大小和酸水平都在增加。在接下来的60天里，气候对于葡萄的生长扮演着一个关键的角色。人们都直觉地感知，最好的葡萄酒来自不得不为生存而奋斗的葡萄树。通常这种“奋斗”指的是缺水。从开始种植到收获，干燥的条件是要优先考虑的。当葡萄树难以轻松地获得水分，其活力就会降低，葡萄树体的资源都将集中供给果实的发育，而不是发出嫩叶嫩枝。另一方面，太多的雨水将导致葡萄树在水里发胀，稀释了果味、降低酿制优等葡萄酒的潜力。在许多北半球葡萄酒酿制地区，6~8月是极其干旱的，伴随着烈日高照和零星的降雨。

采摘前修剪是一个非常细致的过程，在葡萄采摘前几周或数月前进行。工人们在葡萄行间来回走动，细致地剪去部分枝叶和葡萄串，以期留在树上的葡萄得到更多的营养供给。留在树体上的葡萄越少，每颗葡萄得到的养分就越多。

收获

8月，大约在嫩芽第一次出现后150天，葡萄的糖分水平急速增加，如果是赤霞珠或者美乐这样的黑皮葡萄，葡萄皮的颜色将从绿色转变为紫罗兰色。这是因为组织软化，酒石酸和苹果酸含量降低，果糖水平增加，同时芳香化合物的含量也有所提高。决定何时采摘是葡萄收获过程的一个关键。葡萄酒制造商能够用设备和技术去鉴定葡萄是否达到理想的酸和糖分水平；如果能靠直觉作出准确的判断则更令人艳羡。如果在葡萄成熟之前采摘，最终的葡萄酒可能因为过酸尝起来觉得“青涩”“锋利”和“辛辣”。另一方面，如果等待时间过长，猝不及防的灾难性霜冻、冻雨或者冰雹只需要几分钟的时间就能彻底摧毁葡萄园。

在葡萄酒制造商的眼中，葡萄收获是一个神圣的时间。葡萄园里所有的辛苦劳作和大自然提供的一切都是为了生产葡萄、酿成美酒。只要运气够好，采摘后来到酒厂，一切都可掌握。

葡萄在新的园地中通常需要3~4年才能建立起强大的根系系统，生产足够多的果实酿制美酒。一棵年轻的葡萄树的果实不可能酿制出好酒，葡萄树需要足够成熟才能产出有能力酿出上佳美酒的果实。酒厂有时会将老葡萄树和新葡萄树的果实混合后酿制平衡性上佳的酒，并可保持酒的品质始终如一。

公元前1400—1390年埃及第十八王朝纳黑特墓穴关于葡萄收获和酿酒的壁画

认识葡萄酒

我们中的大多数人可能永远都不会在葡萄园中工作，但对于管理者对葡萄树倾注的热情与关爱一样要珍视。葡萄园管理者和酿酒商花费了大量心血让这种珍贵作物健康、周而复始地循环生长。有时，酿酒商会在酒厂网站或者葡萄酒瓶背后的标签上注明他们如何管理葡萄园，所以熟悉相关术语是关键。

葡萄的发源地在哪里?

葡萄早在公元前6000年就已经被种植了，最可能起源于高加索山脉，在今天的高加索、俄罗斯、亚美尼亚和阿塞拜疆地区。在历史的进程中，葡萄树向东方和西方传播。当葡萄树种植在新的气候和土壤中，会发生基因突变。8 000年以来，人类将葡萄树从一个地方传到另一个地方，不同的葡萄品种增殖繁衍，使得今天我们拥有了诸多葡萄品种。

因为葡萄树少有农事的需求，它们普遍种植在贫瘠的土壤和山坡上，而肥沃的土壤则用来种植谷物和牧草。葡萄树再生性很强，随着文明的发展，它们易于生长和坚韧不拔的特征使其成为最受欢迎的作物之一。

第一次酿制葡萄酒在什么时候?

用数年的时间在葡萄园里工作以酿制葡萄酒，这与大多数游牧习惯是矛盾的。即便如此，葡萄酒的酿制在相当长一段时间并未受影响。对于葡萄树的记载在7 000多年前就已经有了，历史学家相信，最初有意地尝试酿制葡萄酒发生在5 000年之前，在埃及乌吉姆王朝统治期间。

葡萄酒商业化最早出现在大城市附近，那里的社会经济条件使市场发展成为可能。16世纪中叶，来自某一地方的葡萄酒与其他相比在口感上的明显差别，以及由此带来的更高售价，使其能够被推向市场，并作为独一无二的类别进行销售。法国波尔多的奥比昂酒庄，是第一个设置标注并将自己的葡萄酒推向市场的。由于和英国的贸易往来频繁，来自法国南部的奥比昂酒庄和其他酒庄的葡萄酒成为需求极大的畅销品；在17世纪，更多的波尔多酒庄涌现。从那时到现在，波尔多在葡萄酒界的地位变得举足轻重。

最早对于特定葡萄酒的识别参照由罗马科学家普林尼制定，他认为公元前121年的葡萄酒是“最出色的”。

贯穿历史，葡萄酒始终在餐桌上有一席之地，因为其中略含的酒精可以提高人们兴致，同时可以保持安全的适度以内，而水或牛奶却不一定能做到。

葡萄酒的酿制是如何发展的?

人们在酿酒中发现，二氧化硫可以用来防止感染和腐坏。葡萄酒在秋天酿制，在大约一年的跨度中氧化作用可能会将葡萄酒变成醋。用硫黄处理过的橡木酒桶使得葡萄酒的质量迅速提高，在不会腐坏的状况下得以长期熟化，一些高端产品就这样出现了。

玻璃瓶的产生同样改变了葡萄酒的命运。在使用玻璃瓶之前，葡萄酒在木制酒桶中销售和运输，氧气很容易进入木制容器使得葡萄酒很短命。用上玻璃瓶，葡萄酒的高品质能够维持更久。

玻璃瓶的便捷和强度促进了起泡酒生产的流行，起泡酒通过在发酵期间限制二氧化碳的释放产生。自从路易斯·巴斯德证实酵母在糖分与酒精转换中的作用，热心的酿酒商就此获得了进行商业生产的新工具。

什么是风土条件?

虽然并没有准确的关于这个法国术语的解释，基本上就是说葡萄生长在某些特定的地理位置，例如法国的勃艮第与德国的摩泽尔，或者任何其他地方，产出的葡萄都不一样。风土条件（terroir）是葡萄生长和最终酿出的酒的决定条件。在此基础上，其他一些可变因素才发挥影响作用。风土条件包含以下。

土壤 不同的土壤类型影响着葡萄生长，但也不能简单确定不同类型的土壤相匹配的葡萄品种。葡萄生产最重要的因素是土壤的温度、保水性和氮含量。砂土和沙砾排水快，土壤温度高，使得果实更易早熟。黏土持水性强，土壤温度低，这使得葡萄延迟发芽和开花，导致成熟期晚。葡萄园管理员用这些规则去筹划葡萄品种的选择，某一品种喜欢的土壤环境未必其他葡萄也能适应。

雨水 葡萄生长需要的最低年降雨量是25厘米。降雨量低于25厘米葡萄树可能停止生长、难以结实，甚至枯萎死亡。如果土壤中缺少氮元素，葡萄园管理员可以在灌溉水中增加有机营养素；如果氮元素含量太高，可以种植改良作物如三叶草和大麦，从而消耗氮元素并补给土壤其他元素供葡萄树利用。土壤中钾的含量同样也影响葡萄生长，因为钾有助于细胞的渗透性，促进糖分在表皮细胞和果肉细胞之间的转移。

总之，出色的酿酒商要确保出产的葡萄已经具备葡萄酒所拥有的风味和芳香。无需多说，一切由葡萄酒来呈现。他们相信，酒即能展现葡萄所生长区域的力量和特色。

对于葡萄种植，判断两个地方是否相似，要看土壤类型、降水、海拔，以及葡萄树的生长方位。这就是风土条件的根本意思。

意大利弗留利–威尼斯–朱利亚产区山坡上的葡萄园

为何有些葡萄品种能在全世界生长，而有些只能生长在特定地区?

有些葡萄品种在特殊的土壤类型中会长得更好。例如，西拉和增芳德喜欢砂土与炎热的气候，而黑品乐在多卵石的土壤、凉爽的气候下生长得最好。土壤类型是酿酒商选择葡萄品种的主要因素。值得欣喜的是，对于所钟爱的品种，葡萄酒爱好者可以品尝到来自新产区的酒品风味。

地形和坡度如何影响葡萄生长?

葡萄园的地形关系到日光照射。在北半球，最好的葡萄园是在朝南的山坡上，阳光照射得以最大化。南半球同样如此，葡萄园在朝北的斜坡能够接受更多的阳光直射。尽管额外的阳光照射也许只是每天多几分钟，但全年加起来就会额外增加30或40小时的光照。也许看起来数量并不大，但是在某些特定的年份这些额外的光照能有助葡萄更加健康地生长。对于一个葡萄园来说，每年最少的有效光照时间是1 300小时；事实上大多数酒区都能接受到更多的阳光。

为此，斜坡也许是个优势，但是也不确定。随着海拔高度增加，气温会有所下降。凉爽的气候会延长生长季，葡萄园管理员必须根据海拔的变化制订葡萄园中不同葡萄的成熟时间表。

葡萄种类要与葡萄园的位置以及葡萄生长的具体位置相匹配。有些葡萄即便只是接受早晨的一丁点阳光、在其他时间都被树阴遮蔽，也能很好地成熟。在通常状况下，白葡萄品种只需早晨后几个小时的阳光照射，下午阳光强烈时都需要遮阴。这种葡萄园的管理使得酿酒商可以优化葡萄品种，并使得种植的葡萄质量达到最佳。

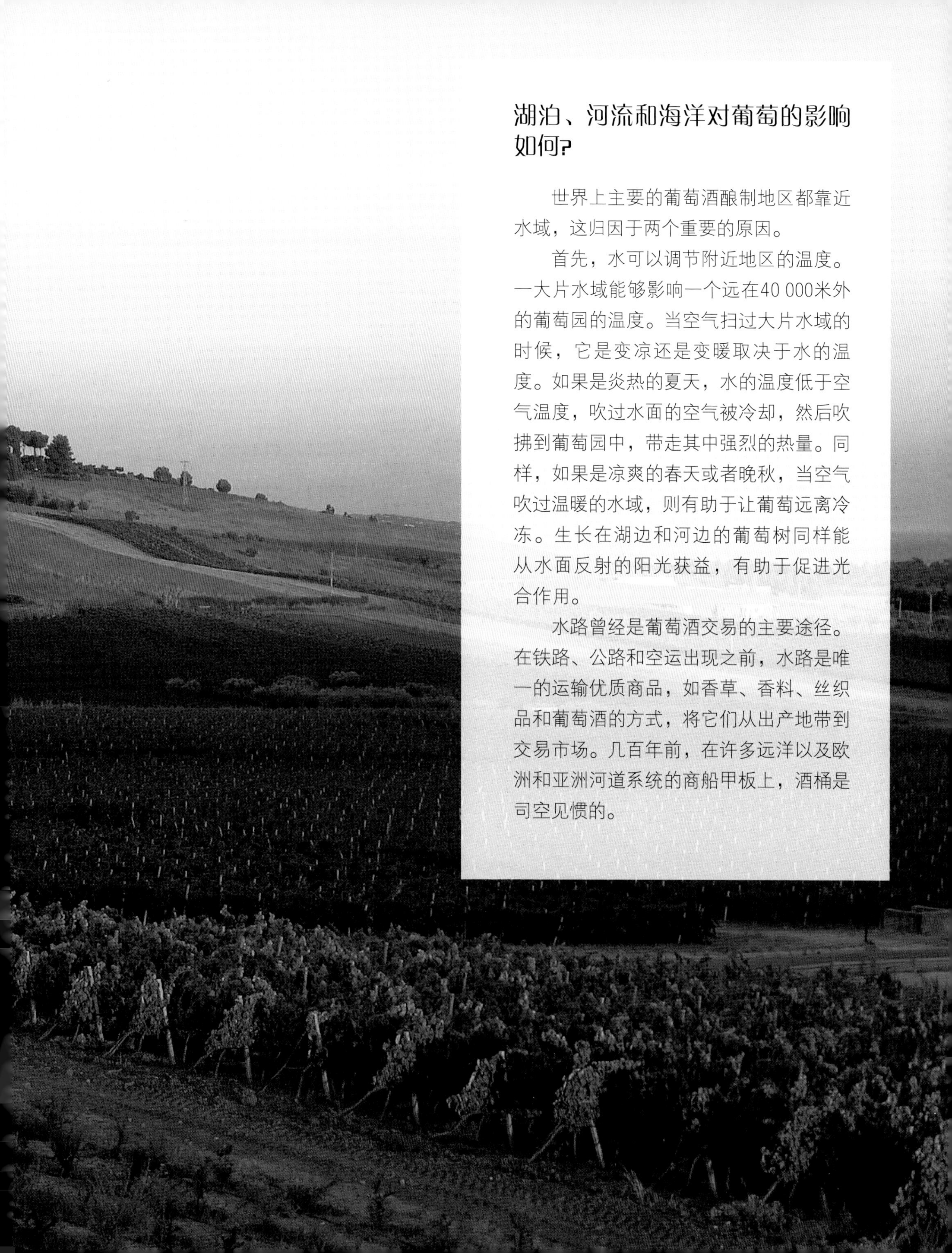

湖泊、河流和海洋对葡萄的影响如何?

世界上主要的葡萄酒酿制地区都靠近水域，这归因于两个重要的原因。

首先，水可以调节附近地区的温度。一大片水域能够影响一个远在40 000米外的葡萄园的温度。当空气扫过大片水域的时候，它是变凉还是变暖取决于水的温度。如果是炎热的夏天，水的温度低于空气温度，吹过水面的空气被冷却，然后吹拂到葡萄园中，带走其中强烈的热量。同样，如果是凉爽的春天或者晚秋，当空气吹过温暖的水域，则有助于让葡萄远离冷冻。生长在湖边和河边的葡萄树同样能从水面反射的阳光获益，有助于促进光合作用。

水路曾经是葡萄酒交易的主要途径。在铁路、公路和空运出现之前，水路是唯一的运输优质商品，如香草、香料、丝织品和葡萄酒的方式，将它们从出产地带到交易市场。几百年前，在许多远洋以及欧洲和亚洲河道系统的商船甲板上，酒桶是司空见惯的。

不同的葡萄种类

葡萄的生长和酒的酿制这两个部分密不可分。正如澳大利亚酿酒商海蒂·施罗克所说："我的激情是被葡萄树本身所点燃。强劲的根用以收集生命的力量，这力量来自表层以下的土壤深处。随着根系扎得更深、更复杂，葡萄酒更加多变、令人充满兴趣。在葡萄园里有助于我懂得自然、了解我自己的局限。"

葡萄成熟的时期各不相同。不同的成熟期使葡萄有了相异的酸度和甜度，这使得葡萄园的管理成为酿酒过程的一部分。许多酒厂雇佣知名的专家团队，专门致力于指导葡萄园的管理，以使葡萄完美成熟。

葡萄种类可通过果实、种子、藤条和卷须的形状及颜色的差异加以区分。它们各自的适宜生长条件也不相同。常见的葡萄都属于葡萄属(*vitis*)酿酒葡萄种(*vinifera*)。

每一个葡萄种群内还有不同的品种，例如赤霞珠、雷司令、美乐、霞多丽，再细的还划分为"栽培品种"。它们在开花能力（最终花会变成果实）、果实性状，以及最终酿出酒的风味上都有所差异。

讽刺的是，这些葡萄可以酿制出卓越葡萄酒，然而当它们从葡萄树上摘下来时却很难吃。果肉紧紧地包裹着种子，人们难以享受其中的风味。若你访问一个葡萄园，直接从树上摘下葡萄的时候，如果你感到失望，千万不要惊讶。

我们所熟悉的大多酿酒用葡萄不过是该种类中的一部分，其他品种也不容忽视。事实上，如果不是美洲葡萄和沙地葡萄，我们今天所熟悉的葡萄酒就不可能存在。美洲葡萄的抗病性根茎不仅奠定了许多葡萄园建立的基础，这种葡萄同样能酿制极佳的葡萄酒。它们也许不能上杂志的头条，并且在著名的葡萄酒产地也找不到，但是美洲葡萄中的尼亚拉加、伊莎贝拉和卡托巴等都是富有魅力的，酿酒商和消费者都渴望扩大它们的种植范围。

葡萄品种的发展有三种方式。

单品种后代　一种特别的葡萄品种繁育的纯种葡萄。如品丽珠、美乐、康科德、卡托巴。

种内杂交　同种葡萄、不同品种杂交繁育的后代。最著名的就是穆勒图格(Müller-Thurgau)，由同名德国科学家穆勒图格开发。在1882年，他用雷司令和希瓦纳(或者查斯伊斯拉斯)进行杂交得到这一品种。

种间杂交　两种不同种属的葡萄杂交繁育的后代。如黑巴克、香宝馨、马雷夏尔福煦、白谢瓦尔。

酿酒商如何控制葡萄生长?

有许多种途径可以让生产者控制葡萄的质量和数量。可以种植得很宽松；也可以种植得很紧密，以使枝叶形成天然的棚架，为葡萄提供遮阴。葡萄树的分支通常捆绑在铁丝网支架上，以固定果枝生长位置。有些情况下，理想的结果位置是葡萄藤的上部，以免受地面冷害的影响。而有的时候葡萄则最好长得低一点，以获取从地面反射的热量和太阳光。这完全取决于葡萄园的位置、葡萄的品种和生产者的计划。

葡萄树在全年都需要修剪和整枝。通过修剪，生产者能很好地控制葡萄串的生长。如果葡萄生长过于旺盛，就需要修剪掉一些葡萄串和枝叶。酿酒商对于葡萄的定位和修剪，将决定这棵葡萄树将产出多少果实，并且最终决定将会产出多少葡萄酒。

葡萄在所有的水果中显得相当独特。它以可溶性糖的形式储存碳水化合物。而其他水果则以淀粉和果胶的形式储存碳水化合物，这些营养素难以被酵母所发酵。

科学家估计有超过 2 000 种的葡萄以及大约 15 000 个不同品种。

对葡萄树的修剪使酿酒商得以控制果实的质量和数量

葡萄园的生命周期

对于葡萄园地的选择，须要考虑土壤深度、养分含量、排水性和（或）耐侵蚀能力。栽植所用扦插条的选择也很重要，它将为葡萄树提供主干。大多数扦插条来自母本葡萄树的成熟藤条，在适宜的环境状况下细心培育。也可从酿酒用葡萄品种上取下枝条作为接穗嫁接到长成的根茎上。如果条件适宜，葡萄栽植在早春进行。种植成活的葡萄树需要三年时间才能产出足够多的葡萄用以酿酒。葡萄园建立的基础是葡萄树形成强大的根系以抵御病害，生产满足葡萄酒芳香和风味需求的果实。

这棵葡萄树的年龄通过它粗大而干燥的根和藤条显示出来

来自一棵年轻葡萄树的果实对于酿酒来说并不理想。当一棵葡萄树产出的果实过多，酿出的酒常常显得普通、单调、毫无回味，正如葡萄本身的单纯和天真。像一个孩子迈开他的第一步，难以优雅，但是我们能够欣赏他们的努力。葡萄树要到15~40岁时才会使出浑身解数，果实的质量飞速发展，同时葡萄的产量也很高。有年头的葡萄树出产的果实酿制的酒通常更加复杂。在40~70岁后，葡萄树生长缓慢，果实数量也慢慢减少。就像欣赏一个上了岁数的人头上的每一根发丝，酿酒者也珍爱上了年岁的葡萄树上结出的每一颗葡萄。随着葡萄的产量大降，葡萄树进入衰老的过程。如果它还继续留在园地里，继续精心修剪和打理（如果气候适宜），每年仍将继续产出葡萄，但果实的质量会有所变化。让这些老树产出更好的果实，需要投入更多精力和关爱。

当葡萄树的生命周期到达这个时刻，园主面临一个选择。要么毁掉这个葡萄园，种上新的葡萄树，重新开始这个循环；要么让老树继续生长，直到成为纪念。

大的葡萄庄园通常有着各种年龄的葡萄树。一部分或许是10~30岁的年轻的葡萄树，另一些或许是更老的葡萄树，从30~60岁，甚至不可思议的70岁或者更老的老树。这些不同年岁的葡萄树的同时存在，使得酿酒时有了更多的选择。

不同年岁的葡萄树上的果实产出不同的葡萄酒。因此，我们在商场能看到，葡萄酒被贴上“New Vine”或者“Vigne Nouve”(意大利语)或者“Vinas Nuevas”(西班牙语)的标签（表示年轻葡萄树）。这种酒价格通常更低，发售得较早，容易被人们接受。有着“Old Vine”“Vecchie Vigne”(意大利语)或者“Vieilles Vignes”(法语)标签（表示老树）的葡萄酒，通常是酒厂最重要的产品，用作特别的场合饮用或者作为收藏，价格较为昂贵，发售前需要留在酒厂熟化一段时间。这种标签实际上只是生产商用于区分他们的产品，而国际上并没有定义新树或者老树的具体标准，因而这种广告对于新酒客可能会有些误导。

年轻葡萄树出产的蒙特普齐亚诺阿布鲁佐

纽约手指湖区的老树出产的黑品乐酒

葡萄易患的疾病有哪些？

葡萄易受到多种病虫的危害，其中很多病虫害会使葡萄树停止生长甚至死亡。一些相关的病虫害及其防治办法总结如下。

病虫害	症状和影响	补救措施
黑腐病	叶子出现病斑，果实颜色变异、提早成熟，甚至枯萎并变为棕黑色	喷洒波尔多混合液
苦腐病	葡萄在收获季节采摘时带有苦涩的味道并变色	喷洒杀菌剂
灰腐病	树体腐败（根部出现灰孢霉菌）	无
卷叶病毒	叶片边缘向下弯曲，影响果实的糖分积累	使用无病砧木重植葡萄园
白粉病	葡萄藤的绿色部分发病，包括茎、果实和芽；病部覆盖有灰色霉层；果实开裂、流液	喷洒硫酸铜溶液
霜霉病	叶片背面出现白色斑块，落叶，藤蔓枯萎	喷洒硫酸铜溶液
皮尔斯病	病菌由昆虫携带而得名，阻碍葡萄藤的水分供应	喷洒硫酸铜溶液
落果	葡萄在开花期间由于连绵落雨或低温，致使葡萄未充分成长	无
根瘤蚜	毁坏根系统	使用根瘤蚜抗性砧木重建葡萄园
果实僵化	由于寒冷和潮湿的天气造成葡萄开花时间紊乱，导致部分葡萄难以成熟、部分葡萄过熟	无

并非所有疾病都具有破坏性，某些甜酒就是由一种感染了灰孢菌的葡萄酿制的。这是种非常特别的病害，有助于葡萄中的糖分浓缩。通常在凉爽和潮湿的清晨自然发病，到了温暖、阳光明媚的午后，腐烂减弱，葡萄中的水分蒸发，酸和糖的浓度增加。如果天气温暖，潮湿时间延长，灰孢菌将对葡萄造成伤害。

酒评家用术语“贵腐”来形容这些甜酒，它在持久的甜度与极强的酸度之间平衡得很好。由于残留糖分较多，这些酒大多数可以窖藏多年。最为有名的贵腐甜酒是用白葡萄制成，产于法国索泰尔讷地区和德国。

葡萄受落果病影响，一些浆果已经成熟，而其他仍然很小

除了霉菌和真菌，昆虫和飞蛾也对成熟的果实也会产生伤害。昆虫在葡萄串中筑巢是很常见的，湿润含糖的密实葡萄串是幼虫生长的理想环境。在收获季节，成熟的葡萄汁多肉厚，对于小动物如狐狸、兔子、松鼠而言是一种诱惑。

所有葡萄害虫中最臭名昭著的就是根瘤蚜虫，一个微小的蚜虫几乎毁灭了欧洲所有的葡萄园。蚜虫通过破坏根须损毁整个根系统。在19世纪晚期，欧洲和美国之间的交通变得越来越方便，欧洲的种植者增多，急欲尝试原产于美国的葡萄品种。这样美国的葡萄树运到了欧洲，带来了葡萄根瘤蚜并因此导致了百年一遇的恐慌。虽然虫害对美国葡萄根部毫无伤害，却迅速摧毁了整个欧洲大陆种植的葡萄园。由于发生根瘤蚜时，葡萄和叶子并未表现出像其他疾病一样的相关症状，情况严重时已无法控制。果农对此只有挠头长叹、毫无办法。

之后几乎对所有的补救措施都进行了尝试，几经周折，种植者终于明白了：美国本土的葡萄品种对蚜虫是免疫的。最终采取了嫁接欧洲葡萄到美国砧木的方法，蚜虫便再也无法破坏葡萄藤。

根瘤蚜在高海拔地区往往难以危害葡萄藤，这些区域如欧洲的阿尔卑斯山脉、新西兰的南阿尔卑斯山和智利的安第斯葡萄园，不需要过于担心这种疾病的发生。

全球变暖会影响葡萄酒吗?

葡萄的理想种植地通常在限定的区域内，温度适宜葡萄树稳健生长。如果气温在世界各地普遍增加，那么这将会把葡萄的种植区域从赤道向外推散。全球变暖将产生几种不同的结果，每个都有着积极和消极的两面。

首先，对于极地寒冷的区域而言这是福音，并为酿造高质量葡萄酒提供可能性。我们已经开始看到在塔斯马尼亚和英格兰南部这些地区，有了更多的葡萄种植，酿出更优质的葡萄酒。

理论上来讲，如今已经很热的区域，20年后将变得非常热。全球变暖对于葡萄酒的生产势必产生影响。酿酒师已经学会如何同上升的温度做斗争。收获季节似乎一年比一年早，科学的进步仍然能够使酿酒师得到满意的出品。可采取的措施包括富营养灌溉方式和发酵前酸化（在糖分过高的碾碎葡萄中添加酸）。酒评家认为这些做法篡改了葡萄酒的本质，最终产生的是“实验室产品”，但与那些没有经过酸化的葡萄酒相比，加入的酸在最终的酒品基本觉察不到。无论哪种方式，总会有足够的动力和创新使得受全球变暖影响的区域在特定的时间产出美酒。

种植者也可以修整整个葡萄园，改变葡萄品种和种类。他们会不断找出葡萄能在哪些地方生长得更好。在欧洲许多首屈一指的葡萄酒产区这一变化会来得比较慢，因为在这些区域规则确定，某庄园的酒品酿制必须在指定的地点、使用指定的葡萄品种。

尽管关于全球变暖的话题日益增多，许多酿酒师似乎并不为之所动。

毕竟，他们习惯于接受大自然的赋予，而做出调整则是一种本能。

有机、可持续，或生物动力法生产葡萄酒意味着什么?

在葡萄酒的世界里，有很多关于有机葡萄酒和可持续种植的讨论。什么才是有机的、可持续的？生物动力法种植也还没有国际标准，欧盟有一套规章制度，美国有自己的解释，等等。国际认定系统的缺乏可能为消费者制造混乱，但其中的主要原则可参考如下所列。

酿酒师巩特尔·迪·焦万纳走过葡萄园中的蚕豆田，这些蚕豆将增加土壤中的氮含量

有机生产

有机耕作是指不使用化学品，仅使用当地的自然制剂。例如，粪便用作肥料，零星种植保护作物以增加土壤中的营养素，使用天然硫素喷雾剂控制真菌病害、预防腐烂。有机耕作比较有趣的特点是综合虫害管理(IPM)。这一科学领域涉及对害虫的生命周期的深入了解，旨在最明智和谨慎地使用保护剂，以对环境、动物、人类和财产产生最小影响。

虽然许多葡萄园实现了这些有机耕作方法，但如果没有通过国家或地区设定的要求，就不能在其酒标上标注“有机”。大多数情况下，酒品的特色必须在连续的几年中通过一系列测试，才能获得“有机”认证。这些冗长的程序和严格的监测，是为了坚持种植区的科学理念，确保种植者如实达到标准。在美国，由农业部监管农业实践操作，宣称自己的葡萄酒是“有机种植的葡萄酿造”的酒厂必须遵守国家有机计划中列出的各项规则。

应当注意的是，许多小规模的有机葡萄园由于邻近非有机农场，就不可能实现有机认证。土地的化学成分受到周围的群山、河流、湖泊以及风向的影响。如果农民在种植卷心菜和莴苣的土地上使用了化学品，对于马路对面的葡萄园来说，就难以由管理机构证明其园地的土壤中没有化学品。为此，许多施行小规模有机葡萄种植的果农并不会刻意申请有机认证。

可持续生产

通过可持续认证的农场，生产中注重资源效率和环境、经济效益，以及人与社会的和谐。注重回收措施、节能节水、腐物消除和员工福利。通常，有机葡萄园实践是首选，但也不总是这样。可持续农场有权使用杀虫剂和化学药剂，但只在必要时才使用，而不是在提前预防就采用或按照药剂说明的时间表来使用。可持续生产的实质已经超出了通常的酒厂工作范畴。生产涉及所有社会责任面，如劳动者、政策制定者、运输渠道、分销商、零售商和最终用户，他们的感受共同评估出可持续生产是否成功。目前为止没有任何认证机构可对可持续生产做出认证。写着“可持续种植葡萄”或“自然种植”的葡萄酒标签在法律范围内通常都是没有意义的。

Nerello
Mascalese

SICILIA
INDICAZIONE GEOGRAFICA PROTETTA

采用在西西里岛桑布卡有机种植的葡萄酿制而成的酒

生物动力法

也许这是最独特的一种生产方式，传授于奥地利科学家鲁道夫·施泰纳。他认为，农业是连通着土地、地球能量和宇宙关系的耕种行为。他赞同有机农业的原则，同时指出生物动力学走得更远，建议葡萄园应根据季节和农业月历的变化进行培育。鲁道夫的耕作理念广泛传播着，虽然许多实践生物动力学的酿酒师可能并没有完全按照鲁道夫提出的法则进行耕作，他们都普遍认为，在地球土壤和生长受重力、月运周期和星际影响的作物间有着动态平衡的联系。

大多数葡萄园实践有机葡萄种植，也尝试可持续发展的一些措施。生物动力学方法的内涵是将葡萄视为一个活生生的、可呼吸的，在宇宙间持续生长的实体。要认证为生物动力学生产，种植者必须满足以希腊神话中丰收女神命名的全球组织得墨忒耳（Demeter）所规定的要求。该组织设立在德国，在世界各地拥有40多个分部。

对于有机、可持续的和生物动力学生产的界定可能比较困难，特别是由于没有管理机构监督过程和赋以标志。需要记住的是有益于持久的农业生产对我们每一个人都有好处。葡萄酒专家汤姆·史蒂文斯在他的权威著作《索斯比葡萄酒百科全书》（*The Sotheby' Wine Encyclopedia*）中对此做出了最好的总结:“世界范围内，优秀的种植者都会采用有机法。想要产出好酒，就要确保葡萄生产保持稳定和长久。”

葡萄酒酿造

所有的葡萄酒都是由葡萄汁经过酒精发酵过程酿造而成。对于起泡酒、白葡萄酒、红葡萄酒和甜酒来说，酿制方法略有不同，但基本上都是从葡萄汁开始。从葡萄藤摘下成熟的葡萄后，带到酒厂榨成葡萄汁。酵母的加入使糖转化为酒精和二氧化碳。几千年来发酵过程在自然界自然发生着，但由于科学上的突破和人类控制葡萄酒生产的希望，使现代制造葡萄酒的过程变得有些复杂。但其核心是非常简单的，即以下所示的化学反应。

糖+酵母→酒精+二氧化碳

糖转化为酒精会产生热，因而控制发酵汁的温度非常重要，以使酵母细胞持续有效。如温度太高，酵母细胞有效性下降且不稳定，导致糖分残余以及气味难闻。大多数情况下，发酵罐都具备制冷能力，否则的话发酵罐最好储存在地下，在那里适宜的温度确保良好的发酵环境。发酵通常采用不锈钢大桶，有时生产者也会使用瓦罐、玻璃罐或木桶。

二氧化碳是发酵的另一种副产物。若气体释放，产品就是静止酒；若二氧化碳被保留，则产品就是起泡酒。

意大利卡拉布里亚的不锈钢发酵罐

CESAB

葡萄酒的颜色从哪里来的?

酿酒师整个夏天都要测量葡萄中的糖分含量。葡萄一熟，他们就从葡萄藤上剪下葡萄，立即将它们送到酒厂进行压榨。如鲜葡萄汁中浸润着葡萄皮，葡萄汁会染上葡萄皮的颜色。葡萄汁与葡萄皮接触时间越长，葡萄酒染上的颜色就会越深。

白葡萄汁几乎没有接触葡萄皮，所以成品酒是清澈的白或米白色的。一些白葡萄酒在发酵前，果汁浸润葡萄皮，则这些葡萄酒通常带有深黄色、深红色，甚至橙色，这取决于葡萄皮的颜色。白葡萄品种，比如灰品乐，实际上有着灰色和古铜色表皮。

橡木桶也增加酒的颜色。虽然对红葡萄酒的影响不明显，但是白葡萄酒的金葡萄干颜色通常是因在橡木桶中酿造形成的。随着酒的陈放，酒体带上了木材的颜色（也带上了其中的风味和单宁）。

意大利阿布鲁佐的工人手工破碎蒙蒂普尔查诺葡萄

你知道白葡萄酒也可由黑皮葡萄酿造吗？压碎葡萄后，立刻将葡萄汁与果皮分离开。所酿成的葡萄酒有时被称为*blanc de noir*，翻译过来就是“白酒来自黑葡萄”。

酵母是做什么用的?

天然酵母自然依附于葡萄皮。有些人只用天然酵母，认为这些天然酵母可以充分体现葡萄自身的魅力。但是，光是使用天然酵母通常需要很长的发酵时间，且有时不能将糖完全转化为酒精。因此，许多酿酒师喜欢使用培养的酵母，这样的话就可以更好地掌握发酵过程。

发酵过程持续1~6周，在有些情况下，因使用酵母的种类、发酵过程中的温度和发酵容器不同，可能需要更长的时间。在发酵后的葡萄酒中，只有微量剩余糖分。尽管有些葡萄酒可品尝出果味或甜味，那只是葡萄酒的味道，而不是实际的糖。不同葡萄品种的口味使得葡萄酒的风味令人兴奋。毫无疑问，果味是葡萄酒质量良好的表现，但酒的质量也受其他因素如酸质、单宁和酒精影响。

亚硫酸盐的作用是什么？

亚硫酸盐被广泛用作酿酒防腐剂。当二氧化硫（化学性质类似于亚硫酸盐）加入发酵葡萄酒中，硫可以破坏剩余的酵母细胞，这让酿酒师得以控制成品中的酒精含量。酵母细胞在发酵过程中，也产生少量的硫。发酵以后，残留的亚硫酸盐作为成品酒的防腐剂，有助于保持其在运往世界各地被消费前品质稳定。

亚硫酸盐有危害吗？

亚硫酸盐含量增加是否危害健康，对此尚有争议。没有明显的数据证实这会带来危害，确实也有些人对亚硫酸盐的忍受度很低。许多葡萄酒专家建议喝葡萄酒时胃里最好有些东西，认为这将有助于消化和吸收葡萄酒中的亚硫酸盐及其他成分。

苹果酸乳酸发酵是怎么回事？

所有的红酒和部分白葡萄酒需进行二次发酵。这时，细菌将酒中的苹果酸转化为乳酸。当苹果酸占主导时，葡萄酒明亮、透彻而强烈。苹果酸乳酸发酵后，产生的乳酸使葡萄酒更柔和、圆润而油滑。该过程也产生了双乙酰，一种散发出热黄油和奶油香味的化合物。这个过程能产生口感柔和、滑爽的白葡萄酒，而无需使用昂贵的橡木桶。

勃艮第出产世界顶级白葡萄酒，陈年能力很强。在20世纪90年代，为了生产更“自然”的葡萄酒，生产商开始减少亚硫酸盐的使用，有些葡萄酒陈放15~20年就会出现氧化的迹象，而在过去，勃艮第白酒可以陈放30~40年。专业人士认为，氧化迹象的出现归咎于亚硫酸盐使用的减少，这使得硫的使用又重新抬头。

在酿酒过程中如何使用木桶？

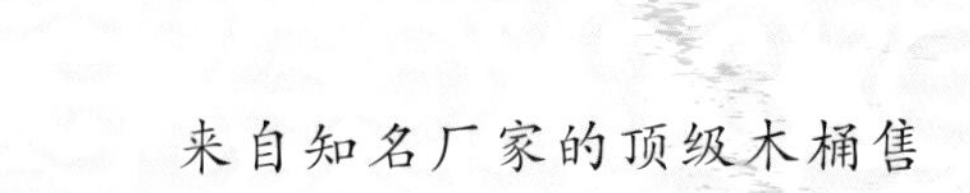

来自知名厂家的顶级木桶售价高达 1 000 美元。

发酵后，葡萄酒被转移到不同的熟化容器。这个过程叫做“分离”(racking)，利用软管将葡萄酒从发酵池移至其他容器，大多数情况下，这种容器就是不锈钢罐或木桶。如果是橡木桶，木头味及单宁与葡萄酒味混合，增加了酒的浓度和复杂性。如果是不锈钢大桶、瓦罐或任何其他的“中性”容器，则最终成品就是葡萄酒自身真正的味道。

许多因素决定了木桶对葡萄酒产生的最终效果。最重要的是木材的产地和类型，木材干燥的时间，以及烘烤木材使之弯曲成形时焦炭（火）的强

在意大利塞拉伦嘉·阿尔巴地区的卡萨德米拉菲奥里酒庄地窖中的小型法国橡木酒桶

意大利巴罗洛的贾科莫–博尔戈尼奥–菲哥里酒窖中的斯洛文尼亚大型橡木酒桶

度。木桶材料首选橡木，也可使用其他木材，包括栗木和樱桃木。来自特定国家的木桶往往具有特别的味道。例如，法国橡木桶经常给葡萄酒带来香草、奶油、烤面包和焦糖的味道；美国橡木是酿酒师寻求酒中莳萝和椰子味道（西班牙葡萄酒中常见）的首选。

桶的大小同样重要。小桶对酒的影响比大桶更强，因为小桶与酒的接触面积更大。酒桶的规格大小不等，最常见的是225升（约300瓶）的。这个规格的酒桶在波尔多和勃艮第普遍使用，这些地区在葡萄酒界的地位使得其所用的酒桶规格成为其他产地的标准。也有些生产商更喜欢大木桶，他们觉得小桶对最后的成品酒影响太大了。

桶的年头和曾经是否用于葡萄酒储藏也很重要。新桶比味道已经消退的旧桶影响力更大。酿酒师使用类似“第一道桶”和“第二道桶”的术语，指的是桶分别用于第一次和第二次储藏葡萄酒。在第三次使用之后，桶就是“中性化”了，之前的葡萄酒已经提取了木材中的所有味道和色调。

木桶可使微量的氧气进入葡萄酒。随着橡木桶中葡萄酒年头增加，少量气味也会通过桶板散发。氧气进入酒体似乎不太好，但缓慢而可控的氧化过程，则会使酒产生迷人的香气。

怎样过滤葡萄酒?

成熟后，葡萄酒再分离到其他容器进行过滤。这时可向酒中添加斑脱土之类的化合物，以吸收酒中死的酵母细胞或其他残留碎片。大多数葡萄酒需要经过过滤，但不全是。一些评论认为装瓶前过滤降低了酒的浓度。尽管如此，过滤还是被普遍采用。

澳大利亚工人刮擦酒桶内壁，以混匀其上沾有的沉积物和酵母细胞

惠斯勒树，这个名字来源于喜欢栖息于其枝头的大量鸣禽，1783年就开始在葡萄牙种植，是目前所知最古老的软木树。2 000 次收获的树皮可供应 10 万个葡萄酒瓶的软木塞，比大部分树木一生所提供的树皮多得多。

装瓶和运输

最后，葡萄酒装瓶，准备送到消费者手中。传统玻璃瓶通常是750毫升标准。也有其他选择，包括小桶装、盒装以及塑料和纸板包装，这些形式的包装通常体现环保理念。

软木塞是最受欢迎的葡萄酒瓶盖子，其历史可追溯到几千年前。软木树种必须生长25年，以形成足够采收的树皮；之后再经过约十年，树体又能生出足够采收的树皮。大多数软木树种生长在地中海盆地，在葡萄牙、西班牙、法国、意大利和非洲北部种植得比较多。软木塞的使用使得包装不透气且不渗漏，很便捷地为葡萄酒提供密封。

在过去的50年里，因增加了葡萄酒中的异味，软木塞受到抨击。在20世纪后半叶，葡萄酒生产蓬勃发展，软木塞的生产也因此兴起。随着产品增加，软木塞的质量下降，导致使用软木塞的葡萄酒受到越来越多的拒绝。软木塞污染由2-4-6三氯苯甲醚(TCA)引起，这种化合物会给葡萄酒带来不受欢迎的气味和口味。

因“木塞味”葡萄酒比例上升，酒厂要求软木塞生产商给出替代品，但是选择范围小得可怜。因此，螺帽、塑料和合成材料与其他类型的塞子进入了市场。装瓶设备的更换非常昂贵，所以，如果酒厂选择改换瓶塞，就需要经过深思熟虑，且前景难测。每种类型的瓶塞都各有优缺点，但认识一致的是密封性好最重要。葡萄酒专业人士认为，短期保存螺帽和目前的替代品与软木塞一样有效。然而，对于长期陈放来说，软木塞还是理想选择。

一只葡萄酒软木塞由5亿个多面体（14面）细胞组成。

每生产出的百亿瓶葡萄酒中，70%以上用的是软木塞。

葡萄酒生产的副产品有哪些?

白兰地、格拉巴酒和马克酒是通过蒸馏制成的，即将酒液煮沸、收集饱含酒精的蒸汽，再将它冷却为液体。白兰地是通过蒸馏酒液生产的，而格拉巴酒和马克酒来自蒸馏渣（葡萄酒酿造过程中剩余的皮、种子和核）。世界上最著名的葡萄白兰地是法国南部的干邑和阿马尼亚克酒。所有酿酒国家都有生产白兰地的能力。因格拉巴酒和马克酒生产的原料包含果渣和酒液，因而品尝起来显得更涩，这主要是因为生产原料中包含更多的单宁。一些高质量的格拉巴酒和马克酒在橡木桶中陈酿了相当长的时间，产生优雅而复杂的风味，是饭后消食的佳品。

葡萄酒生产有哪些不同类型?

意大利特伦托坎厅法拉利酒窖的壁挂方式可以显示香槟酒在二次发酵过程中的变化

意大利特伦托坎厅法拉利酒窖中的酒瓶正在经历转瓶过程

起泡酒

在起泡酒中，霞多丽和黑品乐是使用的主要葡萄品种。霞多丽适口感和风味上佳，而黑品乐酒体丰满，骨架感强。每个国家都在使用自己的本土葡萄品种。

如前所述，生产起泡酒的方法就是保留发酵过程产生的二氧化碳，所采用的生产方式主要有两种：香槟法和查马法。

香槟法

香槟法(Champagne Method)采用得更多一些。将基酒混合在一起，形成理想的混合酒[也称“单一酒槽酒”(cuvée)，指用最好的基酒混合成的高品质混合酒，但对此尚未有国际标准]。混合酒置入瓶中，加入小剂量的酵母和糖，用螺帽（类似啤酒瓶盖）密封。这种加入糖和酵母的混合液称作二次发酵液(Liqueur de tirage)，直接在瓶内进行二次发酵。酒汁和酵母相互作用，二氧化碳整合葡萄酒的风味，废酵母细胞下沉到瓶底。由于瓶子加了盖，二次发酵产生的二氧化碳保持在酒液中，酵母细胞提供了奶油等丰富风味。二次发酵的时间越长，成品酒的味道越丰富（通常价格更昂贵）。

随着时间的推移，酒瓶被不断旋转并最终倒立，废酵母细胞下降到瓶子的颈部，有的则吸附在螺帽上。旋转酒瓶的过程长而有序（通常超过一年），称作“转瓶”(riddling)。

接下来，瓶颈置放于低温下，以利于固化沉淀。将瓶身直立，取下盖子。瓶盖一旦打开，瓶内的压力将沉淀挤出，剩下纯净的起泡酒。

最后，再向酒中加入一些陈年葡萄酒，进行最后修饰。在这最后一步中，糖分的变化将决定这款起泡酒的整体甜度。

加上软木塞，为确保密封，外面再加以铁丝固定。

香槟酿制法已被注册，法国香槟之外的任何生产商在标签上标注该术语都是非法的；可以使用“经典方法”“传统方法”或“瓶发酵”等标注方式，实际上都是指这种生产方式。虽然费用昂贵且费时，但香槟法始终是生产优质起泡酒的最好方式。

查马法（大容器发酵）

查马法(Charmat Method)的二次发酵在大罐中进行，发酵完成后再装瓶。这种方法更为经济，通常用于生产直接消费的酒。最常见的普洛赛克就是用这种方法制作的。

因为生产过程中需要更多的劳力和原料，以及消费者对于静止葡萄酒一如既往的偏好，在全世界每生产出的十瓶葡萄酒中，仅有两瓶是起泡酒。

以下依甜度水平的提高列出起泡酒的类型：

超级干型 (Extra Brut)
极干型 (Brut)
超干型 (Extra Sec)
干型 (Sec)
半干型 (Demi-sec)
甜型 (Doux)

评论家将起泡酒中的碳酸称为“珠”。瓶发酵的碳酸更为柔化并与葡萄酒充分融合。而查马法生产的起泡酒泡沫略粗一些。

二次发酵后，瓶颈置于低温下，使得沉积物凝固

年份酒与无年份酒

葡萄酒制造商每十年会有三年酿制年份起泡酒。

有的起泡酒标签上会列出制造年份或葡萄生长年份；有的只标注“NV”，即“无年份”。前者必须仅使用该年出产的葡萄酿制。这意味这一年生长季节特别好，葡萄比往年优质。年份起泡酒并不是每年都有出产，只在葡萄很理想的那年才有。毋庸置疑，年份酒都是在葡萄生长极佳的年份产生的，绝不会是葡萄生长有问题的年份。年份酒比无年份酒的二次发酵时间要长。一些年份起泡酒可以陈化。随着陈年时间增加，酒中的碳酸有所消退，诱发的各种香气和风味若隐若现，神秘飘渺。世界上一些最昂贵的收藏品就是有年份的香槟。

无年份酒使用不同年份的基酒制成。普遍采用的是不同葡萄园、不同年份的基酒。这样做是为了年复一年重现相同品味的葡萄酒，建立固定的风格，并使消费者对此产生习惯。

许多起泡酒制造商都同时生产有年份酒和无年份葡萄酒。无年份酒用于日常消费，年份酒则用于珍藏。

白葡萄酒

白葡萄酒与其他葡萄酒之间的主要区别是在酿制过程中，浸渍发酵的果汁不加葡萄皮。葡萄被压榨后的数小时内，果皮、种子及果梗需从葡萄汁中剔除。研究表明，在整个发酵过程中，如果使果汁始终保持凉爽状态，有助于最大限度地展现葡萄的芳香。在发酵过程中，酿酒师会搅动酒糟和酵母细胞，以增加酒的浓烈度。在木桶中发酵的白酒还要注意木料的颜色对酒的影响。

少量的白葡萄酒是由红葡萄制成，葡萄压榨后立即将葡萄皮剔除。用黑品乐制成的白葡萄酒常在起泡酒生产的二次发酵之前混合阶段使用。

桃红葡萄酒

桃红酒的制作方法有两种。可以将白葡萄酒和红葡萄酒混合达到所需要的颜色和口味；或者从浸渍的黑葡萄提取果汁酿制，留有葡萄皮的果汁则用来酿制红葡萄酒。提取黑葡萄果汁的酿制方法称作saignéer（放血法），来源于法语单词saigner，被看作是两种生产桃红酒方法中更好的一种。桃红酒季节性强，最适宜在夏季饮用，有着红葡萄酒的果香和白葡萄酒的清新。

红葡萄酒

葡萄皮中的色素给红酒着色。葡萄汁浸渍葡萄皮的时间愈长，酒的颜色愈浓。当然这也有副作用，更多的单宁从果皮、种子和果梗中浸出侵入酒中。单宁过多，酒味苦涩，这是酿酒中的缺陷。只有在颜色和单宁间取舍适当才能给葡萄酒带来美味和力度。

甜酒

多数甜酒是用干葡萄制成。有时，酿酒师把在葡萄藤上的葡萄一直留到秋季，或把葡萄摘下来送到酒厂晾干。随着葡萄变干，水分蒸发，糖分浓缩。压榨和发酵程序一切如常，不过酿酒师会在某一时刻停止发酵程序，有些甜酒可以陈放数十年，这时其中的糖就扮演着防腐剂的角色。

加强型葡萄酒

在11世纪，阿拉伯人最先发明蒸馏法。又过了600年，人们才把蒸馏法引入葡萄酒酿制。如今我们拥有了很多类型的加强酒，其中最著名的是波特酒、雪莉酒、马德拉酒和马尔萨拉酒。酿制过程中中性葡萄烈酒（无色无味蒸馏酒）被添加到正在发酵的酒中（波特酒）或刚完成发酵的酒中（雪莉酒）。在此两种情况下，酒精都会抑制酵母细胞，而使得更多的糖分残留于酒中，最终的产品因为富含酒精和糖分使得它可以陈年，这就是加强酒成为最好的陈年酒的原因。所以今天，仍有许多人在消费19世纪的马德拉酒和波特酒。苦艾酒是由葡萄制成的另一种类型的加强酒，通常加入草药和其他调味料，常用作调制鸡尾酒。

450/CN

3.

享受美酒

了解葡萄酒是如何酿制的，领会每一瓶酒中所蕴含的努力、科学、激情和耐心。在任何可以的时候，放松下来，享受杯中物。当然会遇到不喜欢的葡萄酒，但要坚持尝试那些闻所未闻的产区和葡萄酿制的酒，很快，你就能在葡萄酒的世界中找到你的所爱。

品酒

品酒，一步一步来吧。

观色

葡萄酒的外观就可以告诉你更多超出你想象的东西。年份短的酒通常比年份长的酒色调单一。白葡萄酒颜色从稻草黄到轻度不透明的绿色。红葡萄酒的色泽则包罗万象，从明亮的樱桃色到暗紫色、石榴红。葡萄酒颜色是由葡萄的品种、发酵前果汁和果皮浸渍时间长短、发酵容器类型和熟化容器类型决定的。随着酒的陈年，色素分解，葡萄酒颜色会发生变化。白葡萄酒呈暗黄色，最后变成棕色；红葡萄酒则显示出深红、砖红，直至褐色。

描述葡萄酒外观的一些术语有：轻快、不透明、明亮的、茶色、浑浊、肮脏的、朦胧的、漆黑的。

摇晃

摇晃玻璃杯中的葡萄酒，有助于酒体与空气充分接触。当葡萄酒与氧气相互作用时，释放出香气和醛类物质。无需剧烈摇晃酒杯，轻轻晃动即可帮助葡萄酒释放蕴藏在其中的美味。最好不要把酒杯倒满，这样就无法旋转了。补酒最多不超过半杯，确保可以充分摇晃。

摇晃起泡酒要小心。只需稍微摇晃就会释放它的香气，过度摇晃会使酒变平淡，丧失其标志性的碳酸。

闻嗅

闻一下并不会就建立或者打破对一款酒的认识，但这是获得初步感知的最好方法。吸气，想想首先闻到什么。果味？土质？酒味？有您曾经闻过的香味吗？一些葡萄品种，如西拉、歌海娜，香气特征非常广泛，最终的表现取决于酿酒师和产区。另一些葡萄品种，如长相思或麝香，无论其在哪里种植和由谁制作，都呈现类似的香味。形成这些认识有助于建立对葡萄基本特征的了解。分析好第一次闻嗅的气味后，再闻一次，这时鼻孔内残余的初次闻到的香气已消除，再闻时辨识更清晰，第一印象就这样产生了。

描述葡萄酒气味的一些术语有：泥土香、原木味、坚果味、草味、水果味、香料味、花卉味、蔬菜味、巧克力味、薄荷味、矿物味、肉味。

浅啜

这一阶段，在闻的基础上建立起对酒的进一步认识。这种味道的酒我们是不是喜欢？它闻的味道和尝的味道像吗？最明显的味道是什么？有果味吗？味道中有橡木或其他木料成分吗？

本书中多次提到酸度，此时它起着重要作用。酸度是优质葡萄酒最重要的特征。酸度在口腔中有刺痛感。它是葡萄酒的特质，尤其是在白酒和起泡酒中。酸可帮助消化食物，这使得葡萄酒配餐适应性大增。它也使葡萄酒在陈化过程中保持品质，即便陈年很久的酒仍然鲜活、平衡感强。当酸度不存在，或完全被高浓度的糖、果味、单宁或酒精掩盖时，这样的酒就叫作“软化”“肥腻”或“已死”。

描述葡萄酒味道的一些术语有：涩的、随和的、简单的、平衡的、浓重的、苦的、鲜明的、耐嚼的、封闭的、奶油味的、脆爽的、微妙的、发达的、干燥的、泥土香、优雅的、肥厚的、平淡的、平实的、肉质的、新鲜的、清新的、实在的、草本的、热的、清淡的、回味悠长的、陈化的、成熟的、肉质的、金属的、发霉的、坚果的、橡木的、郁闭的、氧化的、丰富的、诱人的、回味短的、柔和的、有质感的、硫味的、单宁感强、辛辣的、酒体薄的、陈年的、炙烤味的、木质的、发酵的、年轻的。

啜饮

品尝葡萄酒时，要用嘴呼吸，让空气完全覆盖舌头，并最大限度接触到喉咙后面的嗅球。这是将信号传入大脑的主要传感器，决定你是否喜欢这个味道。通过呼吸，使酒最大限度地与喉咙接触。

回味

葡萄酒在杯中还会继续演化着，可以品尝酒在演化过程中的不同风味。只要与氧气接触，葡萄酒都会持续发生变化。

葡萄酒在酒杯内壁滴滑下来，再流回到葡萄酒中形成的痕迹，被称作“酒腿”。有些人误认为酒腿是衡量酒质的标志，认为“腿”越大越多，酒的质量越好。事实并非如此。酒腿是酒精含量的标志，细小的和微妙的酒腿表示酒精浓度低，粗重而黏性大的酒腿表示酒精浓度高。

在鼻子周围随意移动酒杯，从各个角度闻嗅，会发现每个位置的不同气味，那么感受到的就越多。在2004年，两位获得诺贝尔奖的科学家证实，人类的鼻子可以分辨出1万多种不同的气味。

第七步，非常规品酒程序：吐酒，这在正式品酒会中也常见。喉咙中没有味蕾，又感觉不到风味，没必要把酒吞下。

问题酒

可能有两个原因使你不喜欢某款酒。

① 没有诱人的味道和香气（主观原因）。

② 葡萄酒有缺陷，并不像酿酒师所推荐的那么好（客观原因）。

第一条原因非常普遍，因为许多葡萄酒的味道并不适合你。也有很多时候葡萄酒的表现并不像酿酒师当初所要达到的状态，这种情况下，葡萄酒就是“有问题的”或“失败的”，问题发生在葡萄酒制作过程或销售过程中。这种情况发生几率很小，小于10%，但总是有的。

问题酒的表现如下：

气味／味道	**原因**
醋、雪莉酒味	氧化——长时间暴露于氧气／空气中
坚果、焦糖、烤焦味、腐臭	过熟——运输过程中受光照和（或）受热
湿腐味、霉味	劣质软木塞（通常发生在用木塞的酒）
燃烧过的火柴烟气	葡萄酒酿造过程中使用的二氧化硫过多

知道了这些问题酒形成的原因，你就能清楚自己为什么不喜欢某款酒。如果你只是不喜欢这种味道，今后就不要去选择这种类型的酒。如果葡萄酒本身有问题，请不要放弃，试试另一瓶。

如果你遇到上述任何一种缺陷，可把葡萄酒退回。如果是在餐厅，可以告诉经理或侍酒师：这瓶酒坏了；在葡萄酒专卖店也是如此，一般情况下你都会换回一瓶新的葡萄酒。

最麻烦的是“带木塞气味的”葡萄酒。在装瓶之前，无法确定软木塞会带来腐坏。在开瓶之前，肉眼也无法看出酒是否“带木塞气味”。

怎样在没有购买和品尝葡萄酒的情况下训练自己的味觉?

葡萄酒的风味和香味在自然中都有，不必实际品酒就可以尝试各种口味。

训练品尝葡萄酒的主要风味：酸度、单宁、糖和果味。

酸度——柠檬汁。注意口腔的哪个部分感受到了的酸度。主要的感受部位在口腔的后部，双颊的底部，但如果是浓缩的柠檬汁，整个口腔都能感受到酸度。

单宁——久泡的茶。单宁存在于葡萄皮、果梗和种子，以及橡木桶中，它有助于提高酒的结构感和力度。有时酒中充满单宁；有时则难以感受到。感受单宁的部位主要是双颊和牙龈之间。

糖、果味及其他——切碎草莓、黑莓、香蕉、柠檬、香草、香料、鲜花、橡木片，混合放入葡萄酒杯中，加一点点水，闻一闻，感受其中的香味。

记录品酒日志

用详细日志记录你已品尝过的葡萄酒和对它的反应。世界上许多受人尊敬的葡萄酒评论家和专家都在用这种方式记录他们所品尝的酒。

以下是同一瓶葡萄酒的三条品尝记录。每条记录代表着对于葡萄酒的不同水平层次和感受度。虽然分类法可能会对酒形成更深入、更精确的评估，但除此以外，对评酒来说，没有比记日志更好的方法了。当然，如果采用入门级的描述方式品评一瓶酒，这也没有任何错，如果这就是你所喜欢的分析一瓶酒的方式，那就请便吧。不要忘记，享受葡萄酒是消费的根本目的。

以下信息是三位品酒人都记录的：

生产商：石头城堡酒庄
葡萄：黑品乐
年份：2009年
产地：加利洛
国家：美国
价格：13美元
品尝日期：2012年10月19日

接着，他们开始品尝和评价葡萄酒。

初级水平

颜色：紫色。
香气：果香、泥土香。
味道：梅、果酱味、口感滑爽。
回味：一般。
我认为这款酒与母亲牌烤牛肉搭配最好。
原因：我喜欢二者各自的味道，所以他们可能搭配得很好。

中级水平

颜色：酒体轻盈至中等，紫色和紫罗兰色。

香气：李子和泥土混合的味道，略带橡木味。

味道：酸度和果味平衡得很好。黑莓和李子味突出，带有淡淡的炙烤味。单宁紧实而不粗糙。

回味：一般，不太悠长，滑爽如丝。

我认为这款酒与母亲牌烤牛肉搭配最好。

原因：酒不太浓烈，所以不会压倒肉的香气和质感。酒中还含有果味，应该与番茄酱的清甜搭配得很好。

高级水平

颜色：浅到中等紫色，略带石榴色调和深红色边缘。酒腿的形成和滑落都在一般状态，表明酒精含量适度。酒体略透明而清澈；没有明显沉淀。

香气：柔和繁复而宜人，熟李子的香气明显，以及新鲜蔬菜、蘑菇、森林草地和丁香的香气。令人联想到旧世界的黑品乐酒，但更强劲圆润。

味道：起初黑莓与太妃糖的味道浓烈。单宁中度，酒体爽滑而清爽，酸度平衡。肉质感强而不太涩。水果味消散后，石墨和粉笔味显现。最后出现的是巧克力的苦味。

回味：略有嚼劲，辛辣和胡椒味持久。

我认为这款酒与母亲牌烤牛肉搭配最好。

原因：酒并不太浓烈，与烤牛肉相配，结构感强，足够的单宁可帮助消化脂肪和蛋白质。有着很浓的香料和丁香味，与肉中的香草香料搭配很好。酒中的果味会与番茄酱的清甜很搭。

每次品酒记录都试着描述得更准确，你的评酒技能会随着时间逐步提升。很快，你就可以为当地报纸撰写葡萄酒评论文章了！

葡萄酒配餐

正如消费者对于每一款酒的喜好有所不同，葡萄酒与哪些食物搭配更好的争论也一直在持续着。最常见的规则是:“白葡萄酒搭配鱼，红葡萄酒搭配肉”。我认为这建议不赖，情况并不那么复杂。

类似的味道，迥异的味道

搭配食物与葡萄酒时，通常要选择类似的味道。烧烤排骨和肉类搭配浓烈、有烟熏和辣味的红酒。有奶油、橡木味的白酒则适合配奶油海鲜料理。

另一种配餐方式则是选择迥异的味道。脆爽的白酒搭配柔软的奶酪，紧实的酸度和矿物味有助于缓解奶酪的黏稠和浓烈口感，可以愉快地品尝下一口。

始终要斟酌食物和葡萄酒的轻重感。无论是起泡酒、白酒、红酒或甜酒，轻淡葡萄酒搭配沙拉、软奶酪、饼干、开胃菜和其他清淡食物。浓烈的葡萄酒会掩盖清淡食物如寿司或鱼子酱其中的美味。

以下概述出葡萄酒的各种特性及其与食物的关联。

酸度　与酸味食品和清淡的菜相配，在菜品的各种风味和质地中显出。

单宁　与重口味菜肴，特别是肉类搭配理想，也与苦味和相当多的烧烤类食物相配。要避免富含单宁的红酒与鱼类菜肴的搭配，因为单宁和鱼油的结合会产生令人不快的金属味。辛辣食物和富含单宁的红酒搭配也要慎重，单宁会加重食物的炙热感，因此调味浓重的菜肴要配以轻柔的葡萄酒。

甜味　糖的甜腻中和菜肴中的热、辣和咸味，补充了甜味，减弱酸度。

橡木味　橡木通常加重酒的颜色。橡木味葡萄酒与烤、熏、焦糖或烘焙的食物搭配，这些食物的味道与橡木味葡萄酒中透出的苦味很搭。

酒精　酒精度高的葡萄酒，无论是白酒或红酒，饮用时口味沉重、密集、丰富。低酒精度的酒搭配清淡菜肴，而高酒精的酒搭配重口味食物。

奶油味十足、味道丰富的奶酪完美衬托葡萄酒中的单宁和酸

地域性

长在同一区域的食材，往往就能搭配得很好。用来自同一地区的食物搭配葡萄酒，是最简单的规则。生长在相同的土壤、气候和环境中，物材会有着几近相同的性质。例如，同一地区的奶酪和葡萄酒可成为完美伴侣。法国白葡萄酒桑赛尔的净爽酸度可消除来自同一地区软山羊奶酪*Cherignol*的腻口感。在意大利，帕马森乳酪用牛奶生产，且必须长时间陈化，它松软、口味咸而强劲；干红葡萄酒蓝布鲁斯科是来自同一地区的独特红葡萄酒，归类为“带气酒”，轻微起泡。它们搭配在一起时，酒中甜腻的果味为奶酪松软干爽的质感添加甜味，温和的泡沫使得口感清爽，弱化咸味。如果你曾经造访这两个领域，就会发现这样的搭配形式大量存在着。

有哪些经典搭配?

有很多关于葡萄酒配餐的书籍推荐经典搭配方式，其中可以找到你所喜欢的方式。你可以了解到它们般配的原因，借此创造出自己的搭配方式。

香槟和鱼子酱

香槟是不折不扣的起泡酒。鱼子酱的胶状口感和咸味由酒中的细沫冲淡，同时结合酒中的饼干、酵母和柑橘味，创造出的口味悠长而令人垂涎。

推荐香槟：

泰亭哲高级干香槟 $

(Taittinger Brut Prestige)

拉芒迪・贝尼耶纯干香槟 $$

(Larmandier-Bernier Blanc de Blancs Extra Brut Ler Cru)

库克特级干香槟 $$$

(Krug Grand Cuvee Brut)

夏布利酒和牡蛎

新鲜的牡蛎凉性、奶油味、口感浓重而丰富。正如葡萄酒鉴赏家评判出葡萄酒之间的差异一样，牡蛎行家对于牡蛎的产地也很讲究。夏布利酒是脆爽、坚实、风味独特的霞多丽的巅峰之作。葡萄园中是黏土和粉土，基土是海洋沉积物。酿成的葡萄酒通常含有盐的成分，与牡蛎中的海水风味和肉质质感完美搭配。再没有比半打博索莱伊牡蛎配一杯白葡萄酒更好的美味了。葡萄酒作家杰・麦克伦尼说过：“如果您还未尝试过白葡萄酒配牡蛎，请赶紧试试。”

推荐夏布利酒：

让-克功德贝桑老树酒 $

(Jean-Claude Bessin Vieilles Vignes)

法维莱地区一级葡萄园福寿姆园酒 $$

(Domaine Faiveley 1er Cru Fourchaume)

帕斯卡布夏尔特级葡萄园布朗肖酒 $$$

(Pascal Bouchard Grand Cru Blanchot)

巴罗洛酒和白松露

松露生长在树的根部，最著名的松露来自意大利和法国。松露块茎切成薄片时，会散发出腐朽醉人的香气。巴罗洛酒被视作“酒中之王”和“国王的酒”，本地葡萄品种内比奥罗生长在意大利最重要的红酒产区之一，酿出强有力、可以陈年的美酒。在意大利，新鲜的松露与巴罗洛的结合值得为此倾家荡产。来自阿尔巴的白松露的幽雅香气与巴罗洛酒的强烈泥土气息、蘑菇口味完美搭配，这种组合会带来皇室般的体验。

推荐巴罗洛酒：

密罗芳 $

(Mirafiore)

伯歌罗 $$

(Borgogno)

里纳尔迪甘奴碧 $$$

(Giuseppe Rinaldi Cannubi)

苏特恩酒和鹅肝酱

鹅肝酱是用鸭或鹅的肝做成。为生产鹅肝酱而提高饲养技术，过度喂养鸭子，为此引起激烈的争论，但它仍是顶级美味佳肴。上好的鹅肝酱柔润蜜滑，带有黄油和奶油的质地。苏特恩是最有名的餐后酒，产自法国南部。苏特恩醇厚的柠檬蜂蜜香味与鹅肝酱的味道融为一体，酒中的甜酸有助于消除鹅肝酱的腻口感。

推荐苏特恩酒：

方舟庄园 $

(Château d’Arche)

莱斯古堡 $$

(Château Rieussec)

伊甘庄园 $$$

(Château d’Yquem)

用葡萄酒烹饪

葡萄酒会为菜肴增加一丝酸度。酒精的味道在烹饪时会消散，因而不必担心它会影响烹饪的效果。选择烹饪用的葡萄酒要确保这款酒是你所喜欢的，不要用你自己不喜欢的酒加入菜肴。

芦笋——芦笋中的蛋氨酸会使葡萄酒呈现金属味或蔬菜味。如果你离不开芦笋，请选择清淡葡萄酒，尤其是白葡萄酒。烤制芦笋可以减少蛋氨酸的影响。

洋蓟——洋蓟中的洋蓟酸会使酒的味道发甜，有时使酒味迟钝或封闭。搭配洋蓟请选择长相思和桑娇维赛之类的高酸度葡萄酒，也可以试试甜白酒。

了解葡萄酒标签

从标签了解葡萄酒更具挑战性，它的复杂性使很多人望而却步。法律规定葡萄酒标签上必须包含必要的信息，尤其对于进口到美国的葡萄酒。

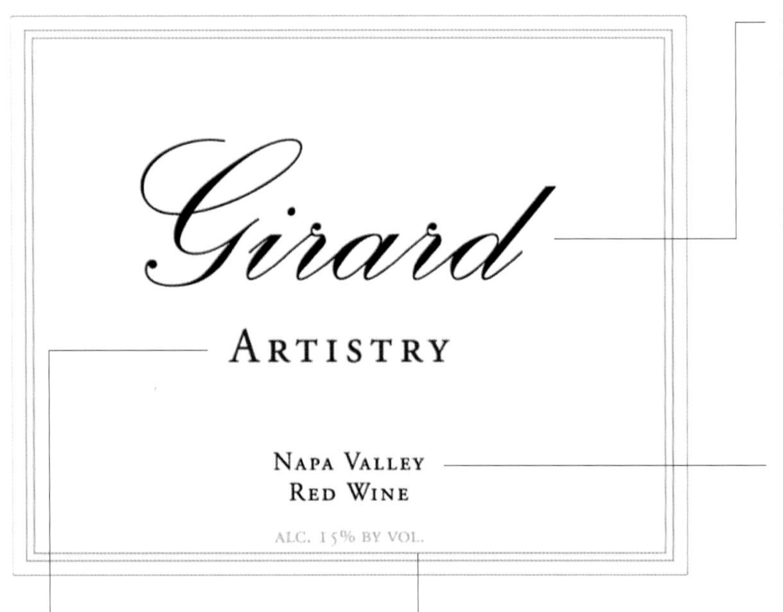

生产商或酒厂 是酒标签的一个重要内容，它标志着葡萄酒的生产厂家。这条信息中有时还包含联系方式、网址，甚至在标签后面用较小的字体列出校验码。

产区或种植区 告知葡萄的生长地。了解产区有助于你在葡萄酒世界中找到自己的所爱，因为大多数产区与葡萄的品种以及葡萄酒酿制方法有对应关系。这使得最终产品有规则可循，同时可以建立起本区域风格独特的产品系。

品牌名称 品牌名可以是对葡萄酒有特殊意义的葡萄园的名字、亲属的名字、方言或其他，也可以就是酒厂的名字，甚至是自创的专有名或神话中的名字。任何名称都可以用作品牌名，但不能误导消费者或侵犯其他商家的权益。

酒精含量 表明葡萄酒酒精含量。大多数干型酒的酒精含量在8%~17%，甜酒和加强酒的酒精含量在5%~25%。这条信息有助于消费者了解酒的浓度，高浓度葡萄酒海关关税也高。大多数国家允许的浓度误差在±1%。

Girard

SAUVIGNON BLANC

NAPA VALLEY

ALC. 13.9% BY VOL.

葡萄品种　这一重要信息（不是必需，但通常都会列出）可帮助消费者选择他们熟悉的葡萄品种酿出的酒。许多美国的产区允许酒中添加少量的其他葡萄品种，但只标记占主导地位的葡萄品种。例如，加利福尼亚的一个酿酒厂生产的赤霞珠酒中可以添加15%或20%的美乐、西拉等其他品种，仍标记为赤霞珠，而不必标出所添加的其他品种。然而，在澳大利亚，混合葡萄酒必须按照降序列出使用的所有葡萄。因为不同地方规则不同，所以，在购买前应做些功课。

酿制的年份　葡萄种植和制成酒的年份。每年的气候条件不同，酒质也随着每个制造年份而有所变化。通常这种变化很小而不易察觉。但也有时不同年份的酒发生了彻底改变。对于收藏葡萄酒的人来说，评估每一个年份的图表和报告显得非常重要，因为，好年份通常生产出值得陈年的葡萄酒，就此得出买来消费或买来窖藏的判断。

原产地 葡萄酒生产的国家。

进口商名称 葡萄酒进口由特许企业处理物流、仓储和海关手续。在某些情况下，进口商也作为葡萄酒的独家经销商，向商店和餐馆零售葡萄酒产品。

进口商也可以将酒卖给特许经销商，再出售给其他分销商。当找寻好酒时，最好的办法就是联系进口商。进口商可以提供生产者的网址和其他联系方式，以供查询。如果是国内生产的葡萄酒，不存在进口商这一说了。下一次朋友聚会时，请不仅注意品牌名称，也要注意进口商。

Girard

SAUVIGNON BLANC
NAPA VALLEY

OUR SAUVIGNON BLANC IS FERMENTED IN STAINLESS STEEL TO MAINTAIN BRIGHT, CRISP FLAVORS THAT ACCENTUATE THE RIPNESS AND FULLNESS THAT WE ACHIEVE FROM PICKING OUR GRAPES LATER IN THE SEASON. RICH CITRUS AND GREEN APPLE FLAVORS ARE ABUNDANT. MADE WITH NATIVE YEASTS AND NO MALALACTIC FERMENTATION, THIS WINE IS RICH IN FLAVOR WITH A REFRESHINGLY SMOOTH FINISH.

FOR INFORMATION OR TO JOIN OUR WINE CLUB
707-968-9297
GIRARDWINERY.COM
VISIT OUR TASTING ROOM AT
6795 WASHINGTON STREET IN YOUNTVILLE, CA

CONTAINS SULFITES 750 ML ALC. 13.9% BY VOL.

GOVERNMENT WARNING: (1) ACCORDING TO THE SURGEON GENERAL, WOMEN SHOULD NOT DRINK ALCOHOLIC BEVERAGES DURING PREGNANCY BECAUSE OF THE RISK OF BIRTH DEFECTS. (2) CONSUMPTION OF ALCOHOLIC BEVERAGES IMPAIRS YOUR ABILITY TO DRIVE A CAR OR OPERATE MACHINERY, AND MAY CAUSE HEALTH PROBLEMS.

PRODUCED & BOTTLED BY GIRARD WINERY, HEALDSBURG, CA

容量 显示瓶子里有多少葡萄酒。标准瓶是750毫升，或3/4升。葡萄酒制造商使用各种大小和形状的瓶子装葡萄酒，所以，在标签上列出实际容量很重要。有时玻璃瓶本身就刻有容量。

ARTISTRY
NAPA VALLEY RED WINE

ARTISTRY IS OUR PROPRIETARY BLEND OF 59% CABERNET SAUVIGNON, 19% CABERNET FRANC, 5% PETIT VERDOT, 11% MALBEC AND 6% MERLOT. OUR GRAPES COME PRIMARILY FROM BOTH HILLSIDE & VALLEY FLOOR VINEYARDS IN OAKVILLE & ST. HELENA. RICHLY TEXTURED & ELEGANTLY BALANCED WITH FORWARD FRUIT & INTEGRATED TANNINS.

For information or to join our wine club 707-968-9297 girardwinery.com
Visit our Tasting Room at 6795 Washington Street in Yountville, CA

CONTAINS SULFITES 750ML ALC. 15% BY VOL.
PRODUCED & BOTTLED BY
GIRARD WINERY, SONOMA, CA

GOVERNMENT WARNING: (1) ACCORDING TO THE SURGEON GENERAL, WOMEN SHOULD NOT DRINK ALCOHOLIC BEVERAGES DURING PREGNANCY BECAUSE OF THE RISK OF BIRTH DEFECTS. (2) CONSUMPTION OF ALCOHOLIC BEVERAGES IMPAIRS YOUR ABILITY TO DRIVE A CAR OR OPERATE MACHINERY, AND MAY CAUSE HEALTH PROBLEMS.

亚硫酸盐提醒 所有进口到美国的葡萄酒必须用亚硫酸盐作为防腐剂和稳定剂进行处理。亚硫酸盐水平可因葡萄酒的不同相异，但对于所有进口的葡萄酒，其最小值必须在百万分之十(10 ppm)。二氧化硫通常添加到葡萄酒中以抑制发酵。

政府警告 所有葡萄酒（或酒精度超过0.5%的饮料）必须标示出饮酒对健康的影响，包括出生缺陷、机体功能损害和其他健康问题。

葡萄酒瓶的标准容量是750毫升。这从18世纪末期、当吹制玻璃成为普通的商业活动时就开始了。葡萄酒瓶以一次长呼气确定构架。随着人的肺活量发生变化，瓶子的尺寸也在跟着改变，但通常情况下每一次长呼气产生的就是3/4升的容量，从而酒瓶的标准尺寸诞生了。

滗析

除了滗酒器，还有很多其他产品帮助葡萄酒接触空气。比如在瓶口装上大漏斗或其他塑料装置，这样倒酒时就可以使葡萄酒充分地接触空气。

大多数葡萄酒专家都同意，酒杯是最好的滗酒器，葡萄酒在玻璃杯中旋转，使其最有效地与空气接触。

滗析就是将酒瓶中的葡萄酒倒入另一容器的过程，通常后者是一个华丽的玻璃滗酒器，但也不全是。

滗酒有两个主要原因。

随着年份增加，葡萄酒出现沉淀。这是葡萄酒成分（单宁、酸和其他）分解的副产品。这些陈年酒中的沉淀通常无臭无味。打开陈年酒时，看到沉淀是一个好的征兆。滗析有助于从葡萄酒中分离出沉淀。

滗析有助于加快葡萄酒的“呼吸”。值得陈年的葡萄酒富含单宁和酸，增加其与空气的接触，有助于减少新酒的“嚼劲”和“涩感”。

滗析还有第三个、但不是太重要的原因，就是以其他容器享受美酒的单纯快乐。如没有喝完葡萄酒，把它倒回原来的瓶子里，不要把剩下的留在滗酒器中，以尽量减少葡萄酒与空气的接触。

滗析会损害葡萄酒吗?

绝对是。一些葡萄酒年份太长，如与太多氧气“撞击”，则很快失去其香气和味道。酒在瓶中陈年越久，就越脆弱。如果滗析那些无法再承受氧气作用的陈酒，就会导致其丧失风味，失去了享受的乐趣。对于滗析没什么固定的经验法则，超过30年酒龄的葡萄酒要慎用。

欧洲人经常进行葡萄酒滗析。半杯或一小口葡萄酒在玻璃瓶中来回反复滗析，直到喝完，感受其中特别的快乐。每一次倾倒，会发现新的香气和口味。滗析瓶内的氧气越多（酒越少），氧气的效用就越高。

滗析有助于葡萄酒充分接触空气，并释放香气和味道

陈年酒

在每年生产出的350亿瓶葡萄酒中，只有不到10%的酒需要熟化五年以上，大部分是用于1~5年内立即消费。大多数葡萄酒的特质因素比例平衡，例如果味、酸度、泥土味或矿物味，以及酒精。需要熟化的酒在年轻的时候表现平平。葡萄酒可以陈年的基本物质基础就是单宁。需要久藏的酒单宁水平极高，会掩盖掉酒中其他值得寻味的特质。随着单宁和其他成分被分解，陈年的葡萄酒产生更多的复杂风味和芳香，但这一切是以即时享受乐趣的丧失为代价的。其他两种对于陈年葡萄酒来说必需的成分是酸度和酒精，后者常用于制作加强酒，例如马德拉酒、波特酒、雪莉酒和马沙拉酒。

说到陈年酒，我们大多数人会想到红葡萄酒（波尔多、波特、勃艮第、巴罗洛、纳帕谷赤霞珠、里奥哈及其他），但也有一些白葡萄酒，例如用雷司令、琼瑶浆、白品乐和霞多丽酿制的，能温和地熟化几十年。因为在发酵前浸渍葡萄皮的时间很短，白葡萄酒可以陈年的关键因素就是酸度，并且只有少数几个白葡萄品种具备可以陈年的能力。

酒精也具备防腐作用。在雪莉酒、波特酒、马德拉酒以及马沙拉酒这些加强酒中，高酒精浓度使得“在衰退中的”果汁避免散发出令人不愉快的气味。

随着酒的熟化，最初的新鲜水果味丧失，形成了“第二代”和“第三代”风味。酒体颜色也在改变。白葡萄酒大体上呈现金黄色，红葡萄酒从宝石红转变为砖红色和深红色。沉积物聚集。（在一款陈年酒中，如果没有沉积物就值得怀疑了，可能意味着这款酒是假的。）

VB
MASI
ALLIER
M
MASI

如何正确储存葡萄酒?

不需要昂贵的葡萄酒冷却柜或葡萄酒冰箱，以在多雨的天气贮存葡萄酒。以下是一些葡萄酒储存的建议。

- 把葡萄酒瓶侧放。这样可防止软木塞干燥，使氧气渗入，加快氧化。
- 放置葡萄酒时标签朝上。这样在你向客人展示时可以迅速找到目标酒，打开酒时也不会使沉淀回到酒中。
- 避免阳光直射。不能长时间将酒放置在窗台或桌子上，使阳光穿透玻璃直射酒体。这会导致腐败，发出过熟味道（类似坚果、焦糖、醋味）。地下室或壁橱之类的地方是首选。
- 安静、少有震动的地方。水槽或楼梯下之类的地方会不断受到震动，长期放置就会影响葡萄酒质量。
- 注意避免太热或太冷的极端和温度波动。如果葡萄酒陈化过程中温度波动范围太大，其寿命会大大降低，酒就会腐败。
- 注意湿度的控制。持续潮湿的条件可使软木塞膨胀，当温度下降时，湿度降低，软木塞收缩。漏气的木塞将是坏消息，如果酒可以从软木塞渗漏，氧气就可以渗入酒瓶。

总之，等待葡萄酒老化需要耐心和爱护。但一款陈年酒的辉煌值得这一切。

如果一瓶葡萄酒尝起来或闻起来像醋，那它的黄金期已过。这种情况，可以说酒已经“由盛至衰”。除了把它倒掉或用于烹饪，再无用处。如果您认为合适，仍可以享受它。许多朋友和同事坦诚地表示，他们消费过昂贵的陈年葡萄酒，事实上这些酒已经过了最佳饮用期；对很多人来说，倒掉一瓶葡萄酒是令人心痛和悲伤的，所以，这样的行为可以理解。

侧放葡萄酒瓶是至关重要的，这样软木塞就会保持潮湿和有效；否则它会变干和破碎，使空气渗入

一瓶打开的葡萄酒可以存放多久?

酒瓶一打开，氧气将使葡萄酒慢慢变成醋。瓶里的空气多（酒少），葡萄酒的氧化更快；瓶里的空气少（酒多），氧化就会慢一些。不管怎样，一旦软木塞拔起，氧化过程就开始计时了。打开一瓶酒，喝上一杯，剩下的在后面几天慢慢享用，这没有错。事实上，一些葡萄酒在打开一两天后，味道会变得更迷人。

如果用螺帽或其他密封装置代替软市塞怎样呢，这是否就是非陈年的标志?

绝不是！许多制造商用螺帽密封葡萄酒用于多年窖藏。有报道称，20世纪70年代和80年代的葡萄酒在螺帽下陈化得很好。

Coravin 葡萄酒装置是一种新的葡萄酒保存产品，它通过加装在瓶口的皮下注射针刺破铝箔和软木塞，将氩气注入葡萄酒瓶里。与该装置相连的是一个氩气筒，当倒酒的时候，酒从针孔流出，而氩气则填满留出的空间。瓶内的葡萄酒从不与外界接触，从而避免了氧化变质。你可以倒上一杯或更多，瓶里剩下的葡萄酒如不能保存几年，至少可以保存几个月。

大瓶装的葡萄酒饮用方法与标准瓶装葡萄酒一模一样。如果瓶子特别大的话，可以将酒倒入小一点的滗酒器。大瓶装酒通常用于欢庆活动，例如婚礼。

避免氧化的方法之一，就是将喝剩的葡萄酒倒入更小的瓶子里，从而减少瓶子中的氧气。确保密封紧实，重新换装软木塞。对于起泡酒，则要使用起泡酒瓶塞，在葡萄酒店或美食店买得到。起泡酒瓶塞装有夹子，可以在瓶颈处紧固瓶口侧边，确保密封，以防氧化。应避免使用软木塞密封起泡酒瓶，空气最终会通过软木塞渗入，使酒变得平淡无味；而且软木塞也会使起泡酒中的二氧化碳散发。

买大瓶装葡萄酒有什么好处？

大规格瓶装的葡萄酒比标准尺寸瓶装的葡萄酒陈化效果好，原因是木塞和酒之间的那一点空气，对酒的影响较小。瓶子里液体越多，空气与葡萄酒的比例越小，葡萄酒的陈化就会慢而精细。瓶子越大酒越贵，许多珍贵的和值得收藏的葡萄酒交易都是用大规格瓶子，例如诸多法国波尔多、勃艮第和香槟酒。

以下是葡萄酒瓶的各种规格。其中有许多是用圣经中的人物命名。对于大规格的瓶子有两种不同的分类方法，有时候名字相同尺寸却有所区别。

容量 （相对于标准瓶）	香槟 / 勃艮第	波尔多
1/4 瓶（187 毫升）	小瓶	—
1/2 瓶（375 毫升）	半瓶（半）	半瓶（半）
1 瓶（750 毫升）	标准瓶	标准瓶
2 瓶（1.5 升）	大酒瓶	大酒瓶
3 瓶（2.25 升）	—	玛丽珍妮 (Marie-Jeanne)
4 瓶（3 升）	耶罗波安 (Jéroboam)	双倍大酒瓶
6 瓶（4.5 升）	罗波安（1989 年停产） (Réhoboam)	耶罗波安
8 瓶（6 升）	玛士撒拉 (Methuselah)	尹朋里业雷 (Impériale)
12 瓶（9 升）	亚述王瓶 (Salmanazar)	亚述王瓶
16 瓶（12 升）	巴尔萨扎 (Balthazar)	巴尔萨扎
20 瓶（15 升）	尼布甲尼撒 (Nebuchadnezzar)	尼布甲尼撒
24 瓶（18 升）	梅尔基奥尔 (Melchior)	梅尔基奥尔
26.5 瓶（20 升）	所罗门 (Solomon)	—
33 瓶（25 升）	索夫林 (Sovereign)	—
36 瓶（27 升）	巨人瓶 (Primat/Goliath)	—
40 瓶（30 升）	麦基洗德 (Melchizedek)	—

酒瓶的形状有什么影响?

葡萄酒瓶有很多不同的尺寸、形状和颜色。通常情况下，特定的产区使用相同类型的瓶子，因为生产者采用固定玻璃制造商的产品。但葡萄酒的风味与酒瓶的形状和尺寸毫无关联。

本书中展示了一些常见类型的葡萄酒瓶。大多数由葡萄酒旧世界国家的经典产区命名，生产商往往选用特定形状的酒瓶，以跟他们生产的葡萄酒相关联。例如，使用黑品乐酿制葡萄酒的生产商会选择使用勃艮第瓶。葡萄酒的装瓶没有什么硬性规则，所以，如看到与常规有差异，千万不要扔掉。

波尔多瓶　瓶壁平直，瓶肩急弯。瓶肩到颈部的造型有助于在倒酒时去除沉淀。这种形状的瓶子多用于盛装来自法国波尔多的葡萄酒，也用于赤霞珠、增芳德和美乐酒。但后来，这种瓶子被普遍使用，用来盛装来自世界各地的葡萄酒。

勃艮第瓶　比波尔多瓶宽而短，瓶肩较长、逐渐弯曲。通常用于法国勃艮第和罗纳河谷，以及其他国家的霞多丽、黑品乐、西拉和歌海娜酒。

阿尔萨斯/摩泽尔/莱茵瓶　瓶肩细而长、逐渐弯曲。在德国莱茵地区，玻璃瓶通常是深褐色的，而在阿尔萨斯和摩泽尔，绿色葡萄酒瓶则更常见。这种酒瓶常用来盛装阿尔萨斯和德国的著名葡萄品种雷司令、白品乐、灰品乐（灰色）、西万尼和琼瑶

浆酿制的酒。桃红酒也使用这种瓶子，特别是来自法国南部的欧洲桃红酒。

香槟/起泡酒瓶　厚厚的玻璃、长长的瓶颈和逐渐弯曲的瓶肩，这样的酒瓶可以承受瓶内强大的压力。

瓶口部也比其他酒瓶厚很多，以确保用于加固的铁丝装置可以牢牢地将软木塞套在其上。

加强酒　瓶肩部粗短而显得很有力度，通常比其他类型的瓶子小，因为加强酒和甜酒通常以375毫升和500毫升的规格装瓶。特殊的瓶肩设计可以截留因为陈放而形成的沉淀物，这在年份波特酒和马德拉斯酒中常有发生。

玻璃瓶的重量占一瓶葡萄酒总重量的40%。由于运输成本高，许多生产商正在探索可替代的包装材料，如塑料桶、小桶/鼓形桶和纸板。

酒瓶的颜色有什么影响?

酒瓶的颜色只在葡萄酒陈化时起重要作用。透明或绿色玻璃瓶几乎不能避光，随着时间推移，会破坏葡萄酒中的抗氧化剂，导致酒的氧化和腐败。使用透明或绿色玻璃瓶的葡萄酒，通常是用于立即消费。大多数需要陈年的葡萄酒使用深褐色玻璃瓶。

瓶底的凹槽作什么用?

瓶底的凹槽有时也称作“拱穴”或“酒窝”，它的存在使得瓶体更稳固而不太容易倾翻，也使得在倒酒的时候手指有把握的地方。凹槽也可以积存沉淀，随着时间的流逝，瓶底积存的沉淀堆积到槽底，形成厚环，这样在倒酒的时候，沉淀便不太容易重新回到葡萄酒里。

瓶顶的铝箔起什么作用?

铝箔的存在有助于保持软木塞干净，并用作装饰元素。其上通常印有品牌标志或酒厂相关图像。这层封盖也曾用过铅箔，但大家普遍认为，铅箔残留物留在玻璃瓶边缘，会依附到流出的葡萄酒中。如今这层外封由锡或铝、或二者合成物制成。

酒杯的形状或尺寸有影响吗?

玻璃酒杯的花样繁多，适配不同风格的葡萄酒、甚至不同葡萄品种酿出的酒。里德尔(Riedel)、波米欧立(Bormidi)和施皮格劳(Spiegelau)这些主要的高脚杯供应商可以提供各种尺寸、形状各异的产品。虽然，在品尝灰品乐和雷司令时各用一套相应的玻璃杯，会是一件令人赏心悦目的事情，但这并不是必要的。

可选的酒杯有很多种，注意两点：宽杯球(杯中部)和窄杯口(杯顶部)。这样就可以聚集酒液面的香气，并使之沿着杯壁攀升。酒杯也应足够大，250~450毫升的玻璃杯使葡萄酒可以在其中充分旋转。

起泡酒应该使用细长香槟杯。窄而长的杯型有助于充分展示碳酸形成的气泡。如果使用宽酒杯，会使气泡消散得很快。

1996年，因涉及健康问题，美国食品药物管理局禁止所有葡萄酒瓶使用铅箔。

玻璃杯的形状和尺寸千变万化，但开始饮用葡萄酒时，一两只杯子就足够了

螺丝锥是主要的用于从葡萄酒瓶拔出软木塞的工具。有许多种风格和版本的螺丝锥，但是它们都必须具备用来开瓶的重要部件，最重要的就是螺纹和起杠杆作用的手柄。

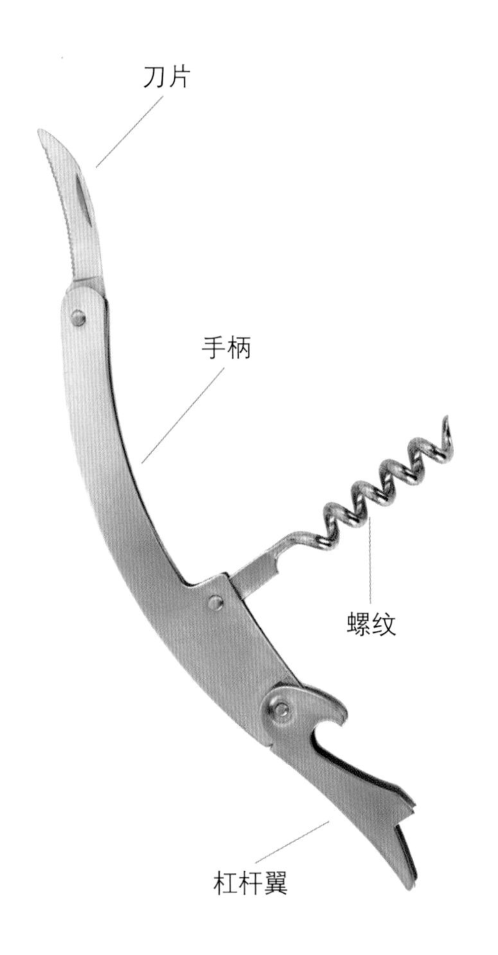

怎样正确地打开香槟酒?

如不当心，开香槟酒瓶会有点危险性。遵循以下步骤，可确保你的安全，也不会浪费酒或失去珍贵的碳酸。

① 撕开最外层的箔膜。在铁丝笼的底部通常会有一个小标签或小丝带，有时称为“拉链”，找到它可以很轻松地去除箔膜。

② 将一只手的拇指放在瓶顶，用另一只手的食指和拇指解开铁丝，放松固定软木塞的铁丝笼。注意不要把放在瓶顶的拇指移开。铁丝笼还是保留在软木塞上，只是将四周全部松开。

③ 用一只手的手掌握住瓶子，同时另一只手的拇指按住瓶顶。

④ 慢慢旋转瓶子的底部，同时轻轻晃动软木塞，慢慢从瓶顶拔出。始终保留着铁丝笼，可以用它帮助抓牢瓶子。

⑤ 软木塞越来越容易拔出。有越多的软木塞暴露出来，拔出得就越快。

⑥ 当软木塞将要完全拔出时，尽量放慢速度，这样酒就不会发出声音或只有轻微的嘶嘶声，这是二氧化碳离开瓶子的声音。声音越大，释放的气体越多。如果你想尽可能保留更多的气体，最好让酒发出的声音小一些。

请注意，除非你赢得了棒球或戴托纳500世界大赛，否则，千万不要摇晃瓶子，这会使酒在打开瓶塞那一刹那冲出酒瓶。通常情况下饮用香槟，尽量不要剩下太多，留在瓶中的酒将很快变得平淡无味。

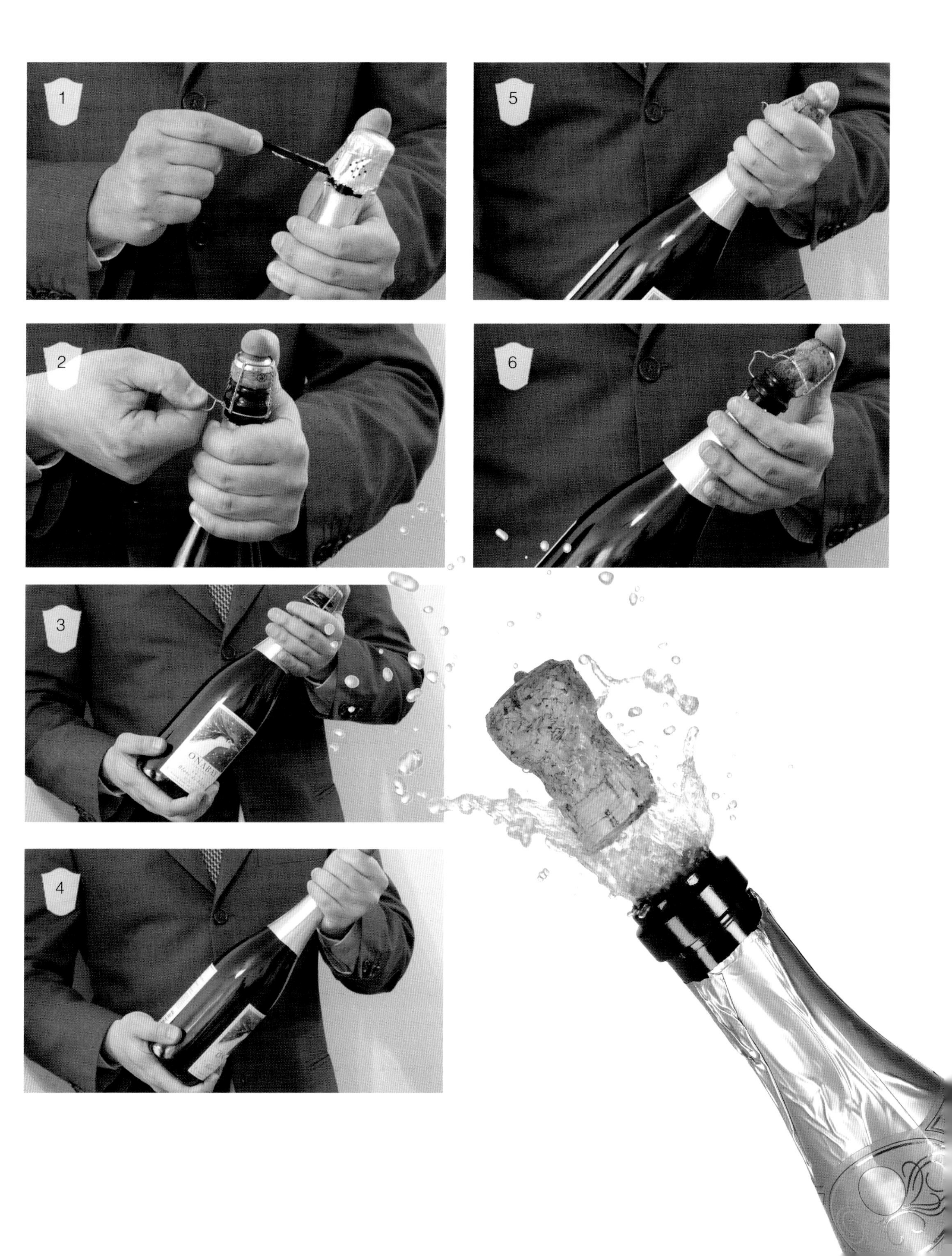
1
2
3
4
5
6

举办品酒会

了解和掌握了葡萄酒的诸多方面，就可以通过举办品酒会与家人和朋友分享饮酒的乐趣。遵循以下步骤，就可以确保品酒会顺利进行。

品酒会的形式

考虑一下你将采取哪种形式。仅仅是品酒还是社交目的的美食/葡萄酒聚会？是正式坐下来静静品尝，还是朋友间的随意闲聊？这些问题的答案将决定你所选用的葡萄酒种类以及享用的方式。

将本地食品和葡萄酒相搭配将是一开始举办品酒会的好方法。无论是正式的大餐还是小吃，整个品酒会所提供的食物和酒都是在本国度中的经典搭配。例如，在西班牙的餐酒搭配形式可能是这样的：

卡塔卢纳
涂有番茄酱的火腿面包
盖斯勒-卡瓦干酒
(Casteller-Cava Brut)
加利西亚
土豆和章鱼
圣地亚哥鲁伊斯酒庄酒-下海湾地区
(Bodegas Santiago Ruiz-Rías Biaxas)
卡斯提尔-莱昂
烤羊肉和大蒜汤
德莫·罗德瑞兹——杜罗河岸，“嘉树红”酒
(Telmo Rodríguez-Ribera del Duero, “Gazur”)
安达卢西亚
咖啡布丁
艾米利奥·卢士涛——佩德罗席梅内斯雪利酒，“圣埃米利奥”
(Emilio Lustau-Pedro Ximénez Sherry, “San Emilio”)

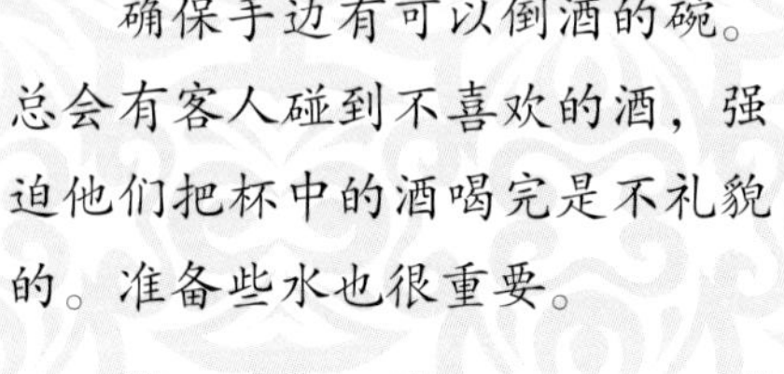

确保手边有可以倒酒的碗。总会有客人碰到不喜欢的酒，强迫他们把杯中的酒喝完是不礼貌的。准备些水也很重要。

如果你希望有更多的注意力在葡萄酒上，那么请关注那些因酒的风格多样而闻名的地区。比如对于美国加州，可以尝试来自南部、中部和北部产区的红、白酒各一款。或者是纳帕谷，可以尝试谷地产区和山地产区各三款。如果是品尝美国酒，就选择代表性的纽约、俄勒冈、华盛顿和加州产区。

也可以在品酒会中品尝用同一个葡萄品种酿制而成的五六款（或更多）酒。西拉、赤霞珠、雷司令、霞多丽、长相思在世界各地广泛种植，由这些品种酿制的酒款式繁多，颜色和酒体各不相同。如果是在夏季，人们都喜欢喝白葡萄酒，品酒会就可以以来自澳大利亚、阿根廷、美国加州、法国、奥地利和德国的雷司令酒为主题，品评这些酒款的差异，获得对于雷司令的深刻体验。

选择高脚杯

为每位客人每款酒提供一个不同的杯子，这在正式的品酒会中通常采用，但在家庭品酒会上没必要这样做。比较随意的方式是，给每位客人一个酒杯，品尝不同酒款时重复使用这个杯子。前面已有所介绍，玻璃杯的尺寸和形状不成问题。如果你有不同系列的玻璃杯，请尽量使用宽球杯，让美味的葡萄酒展现更多芳香。

确定品尝顺序

有些人喜欢一开始就把所有的酒都尝一尝，有些人喜欢控制速度，慢慢品尝。如果是一次品尝一款酒的情况，可以从轻度酒开始，逐渐过渡到高度酒。可以提供些有关酒的评论文章或文学故事，如果有腼腆的客人不太善于在众人面前提问，这些文字就用得上了。

下一次聚会时，可以尝试这些品酒方式：

垂直品酒　按时间顺序品尝不同年份的同一款葡萄酒，通常是从最年轻的到最老的。这是了解陈化过程的最好方式。例如，试一试1990年、1995年、1998年、2000年和2004年的科诺巴罗洛珍藏酒(Elvio Cogno's Barolo，Ravera)。

水平品酒　品尝来自相同地区相同年份的不同葡萄酒。这种方式很有趣，可以发现不同生产商即使使用同一个小区域内种植的葡萄，也会酿造出不同风格的葡萄酒。例如，品尝来自尼依地区的2005年各款勃艮第红酒。

盲品　这种品尝方式因其具有挑战性而令人兴奋。在不知道产地或葡萄品种的状况下评判酒的特点。通常，知道酒来自哪或由谁制造会影响我们对它的看法。通过盲品，可以练习怎样辨认酒的区域特性。

买酒策略

了解葡萄酒与食物的搭配方式肯定是葡萄酒经验中的重要部分，但选购葡萄酒的策略同样重要（选错的话同样会带来挫败感）。

葡萄酒经销系统在美国的各州之间有所不同，大多数州使用三层系统。酒厂授权经销商，再由经销商卖给零售商和餐馆，最终销售给终端消费者。一些经销商仅在一个州开展业务，更多的经销商拥有全国分销渠道和庞大的销售力量。酒厂评估商家的能力，寻求最能代表他们的经销商。小酒厂和小经销商通常联手合作。有时你在去密歇根出差时发现一款葡萄酒，但回到伊利诺伊州却买不到，仅仅因为酒厂的产品不在伊利诺伊州经销。幸运的话，你可以在线购买葡萄酒。

葡萄酒卖给消费者的方式各州之间也有差异。例如，在新泽西你可在同一个商家买到啤酒、葡萄酒和烈性酒，以及你所需要的杂货。其他州，如纽约和宾夕法尼亚，葡萄酒和烈性酒是单独售卖的。所以在哪里买酒取决于你在哪个州。也有关于在一个州购买葡萄酒运往另一个州的法律，有些州允许，有些州是禁止的。

联系进口商和（或）经销商

我被问到的一个最普遍的问题是："我刚好在餐馆看到一瓶非常棒的葡萄酒，但在我家附近怎样找到它？"要追踪你最喜爱的葡萄酒的要诀是看酒瓶后面的标签，了解进口商或经销商的信息。在大多数情况下，标签上会列出完整的联系信息，地址、电话号码和网址。网站提供大量关于生产商和其生产的不同葡萄酒的信息，有时也会提供可购买该葡萄酒的零售商和餐馆的名字。

进口商 这瓶意大利白葡萄酒由位于纽约的暗星进口商引进。

零售商

大多数葡萄酒零售店会根据葡萄酒的生产国来陈列酒品。这意味着你会发现所有法国葡萄酒在一个角落，所有意大利葡萄酒在另一个角落，每个国家的酒分列在不同位置。这使得很容易根据其产地找到葡萄酒：如果你想了解某个国家不同产区的酒，这样最好。这种形式可能也有不利之处，例如，你喜欢长相思，想尝试一下用这种葡萄制作的不同酒款，就得走到各个角落，找出各个国家的长相思酒。如果你的时间很紧，这就麻烦了。如果你不着急，在大型葡萄酒商店缓步搜索会是一种愉快享受，其间还能学到东西。

最近，有些零售商已经在着手改变，根据风味摆放酒品。在有些商店，有的角落是“脆爽单薄”型，有的角落是“丰富饱满”型，而另一个角落则是“粗犷厚实”型。这可以帮助你寻找特定风格的葡萄酒。请记住，归类方式是由葡萄酒店的店员确定的，你的评判可能与他们不尽相同，你认为“丰富饱满”的酒，他们可能会认为比较“轻柔”。此外，你可能要花些时间找一瓶基安蒂，因为你不知道它是被归为“轻度干爽”型还是“果味有趣”型，因而不得不搜遍所有货架。

买来即饮或用于珍藏

藏酒是个费钱的爱好。如果你在市场上搜索，最重要的是要研究评估哪些葡萄酒值得窖藏几年（或几十年），哪些应立即消费。请记住，每年产出的酒只有一小部分可以陈化五年以上。杂志和网络可以提供有关世界各地葡萄酒产地的信息，发表哪些葡萄酒值得收藏，哪些应买后消费的见解。

经验丰富的葡萄酒收藏家有时会购买一箱酒，定期（大约一年一次）打开一瓶。若发现酒还太年轻（单宁重、苦、涩、紧等口感），则还需要继续陈化；若展现出可口美味，那这箱酒就可以拿出来，在今后的日子里细细享用。

建议你最好在几家固定的商店购买葡萄酒；结识一名可以保持紧密联系的员工，讨论你喜欢什么样的葡萄酒，与什么饭菜搭配，等等。分享你的饮酒经验，可以让员工判断出你的喜好，给你推荐不同国家的不同品种。

与当地葡萄酒商店多接触，会让你了解葡萄酒世界发生的各种事情。

饭店

与零售店相似，饭店中的葡萄酒单通常按照地理区域或风格陈列，取决于酒品数量、饭店的类型和餐饮部经理的喜好。葡萄酒单通常按字母顺序、价格升序或瓶子体积的增加排列。渐进式酒单是根据葡萄酒的酒体，从轻盈到丰满排列。一些饭店会提供“建议的搭配”或“侍酒师的选择”，或向顾客提供更多的相关信息。在大多数情况下，饭店中葡萄酒单是为了提升用餐享受，为美食提供不同风格的葡萄酒。但也有以葡萄酒为主角的饭店，提供几千种不同的酒品，其中不乏罕见的多年陈酒，带给饮用者不同的体验。若葡萄酒单特别长，会在第一页有份酒品目录。

侍酒师的作用

一些饭店配备训练有素的侍酒师或酒管家，为顾客提供饮料咨询。如你经常光顾同一家饭店，就可以对这些富有激情的葡萄酒专业人士有所了解。他们与酿酒师直接接触，了解行业发展趋势。在服务期间，侍酒师负责采购葡萄酒、培训员工、安排葡萄酒窖并帮助顾客选择葡萄酒。向他们征求用餐建议，通常是一个不错的方式。

互联网

在2005年，美国最高法院裁定，州外的葡萄酒厂和零售商可通过互联网向本州销售葡萄酒；但每个州对本州的酒品销售拥有管辖权。一些州，主要是执行旧的保守酒品法律的地区，仍禁止消费者直接运输葡萄酒。目前对于这一法规的反对声很大，但未来怎样还不确定，因为采用这个条款的地区有很多。正是由于这样的不明确性，像亚马逊这样的大型零售商就会迟疑是否要进行葡萄酒销售业务。到目前为止，网络对于葡萄酒业的影响并不是直接向消费者出售葡萄酒；而在于促进消费者和酒厂间的联系，由此赚得一小部分费用，并将葡萄酒运输的事宜转给了消费者。

酒评家的作用

酒评家及其评论会给葡萄酒行业带来令人难以置信的影响。评价葡萄酒等级的100分系统（50-100；50为低劣，100为优秀）影响着葡萄酒的消费状况。一般来说，评分高的葡萄酒比那些评分低的销售好得多。

基于其优点给葡萄酒分配级别数值，这有很多好处。葡萄酒专家和评论家品尝过的酒品众多，且记忆深刻，他们的评价和描述有助于消费者建立起对酒的基本认识。请记住，对于风味的描述是非常主观的，评论家对苦味、酸度、单宁和味道的灵敏度很可能与你不同，他们喜欢的葡萄酒很可能刚好是你认为不好的。

“评分越高，酒越流行”这一概念，促使一些生产商酿制的葡萄酒会迎合有影响力的酒评家的偏好。这看上去好像是一个聪明的办法，但如果酒厂对于产品的改变过于剧烈，其生产出的葡萄酒与往年相比被视为外国酒，或明显与公众预期存在巨大偏差时，酒厂又不屑于迎合全球的口味，那么接下来，葡萄酒就会无人问津，这样的话酒评家就起了反作用。那些热衷于葡萄酒风土和产区认证的人士是评分制度最激烈的批评者。他们认为葡萄酒应该谈到其产地，而不是根据个人品尝口味而撰写成诗歌或矫情的散文，并就此为葡萄酒安上一个数字编号。

毫无疑问，葡萄酒评论家是起了积极作用的。质量，无论如何对其定义，总是在葡萄酒供应链中起着重要作用，在各个价格水平的葡萄酒质量都不错。整体来看，消费者会从酒评家的意见中获益。

采购和窖藏葡萄酒比将来购买相同的葡萄酒更经济。随着时间的推移，有年份的葡萄酒愈来愈昂贵。如果准备收藏一瓶你喜欢的年份酒，比较一下葡萄酒商店和饭店的价格，他们的价格表都可以通过电邮寄给你。通盘考虑后，你就能拿出主张了。珍贵的限量酒不太容易找到。这种情况下，可以联系下你的当地酒商，他应能够帮助你追踪到。

零售店每卖出的十瓶葡萄酒中，有七瓶是在三小时之内被消费掉。

4.

全世界的葡萄酒

每年超过60个国家生产350亿瓶以上的葡萄酒。那得要多少果汁啊。法国、意大利和西班牙的出产超过其中的半数，剩下的其他国家生产量相对要少很多。一些国家虽然生产量不大，但其酒品非常有趣，并且因为采用了新的技术、工艺和设备，酒品质量日益提升。

美国的葡萄酒市场值价166亿美元。三大公司拥有其中的众多资产，占据几乎一半的市场份额。

E. & J. 加洛酒厂

(*E. & J. Gallo Winery*)

主要品牌：安德烈、加州乐事、赤脚葡萄酒、盖洛、转叶、弗雷德兄弟、美诺颂葡萄园、红木溪

群星品牌有限公司

(*Constellation Brands Inc.*)

主要品牌：绿雾、罗伯特蒙大维、马尼舍维茨、雷文斯伍德、宝林庄、大庄园、木桥、盖世峰酒庄、野马、黑石、金凯福酒庄、西米、韦德山

葡萄酒集团有限公司

(*The Wine Group Inc.*)

主要品牌：Tribuno、风时亚、康坎农、摩根戴维、鹦歌、保罗、马松

标签法则的重大变化是充分显示酿酒所用的葡萄品种。许多欧洲葡萄酒以葡萄生长的地区和山谷命名，葡萄的品种很少出现在标签上。新世界国家通常会在酒的标签上标注葡萄品种。

由此带来选酒时的轻松与方便，因而许多消费者倾向于购买新世界酒。我们现在也开始注意到，一些欧洲葡萄酒的标签上也写明了使用的葡萄品种。

旧世界葡萄酒与新世界葡萄酒对比

葡萄酒世界的最明显划分就是旧世界与新世界。旧世界是指欧洲的一些国家，如法国、意大利和西班牙，这些地区的酿酒方法源自百年来的传统。新世界基本上就是欧洲以外的其他国家，如澳大利亚和阿根廷，尽管在其中一些国家生产葡萄酒的历史已经相当长了。

新旧世界葡萄酒的主要区别在于葡萄酒的酿制方法和葡萄酒的味道。旧世界酒干爽、果香不那么浓郁，且酒精度低，而新世界酒则果香浓郁、果汁感强、酒精度高、口味丰满。当然，这仅仅是一个简单的概括。在新世界国家有许多制造商酿造出的葡萄酒颜色清淡、酒精度低、干爽而质朴。同样，在欧洲一些生产商也在大量生产深色、果香浓郁、酒精度很高的葡萄酒。

葡萄种植区分类

每个国家有自己的葡萄酒标签注录规则，以葡萄种植区域的地理边界为基础。在固定围区内对葡萄品种和管理、酒精含量、产量要求和陈年时间等都有明确规定。并不是所有产区都必须有这样的规定，但可以确认的是：如你购买的葡萄酒叫“2012纳帕谷赤霞珠”，酿制该酒的葡萄肯定是生长在纳帕谷，主要是在2012年生长的赤霞珠。这些规则虽然有些过时，但可以起到保护当地生产者和我们消费者的作用。

产区内限定的因素主要有：

- 地理区域
- 酒精含量
- 葡萄品种和混合准则
- 产量限制
- 葡萄园种植方法

- 酿酒方法
- 陈化要求

法国在20世纪30年代第一个建立国家注册制度。自那以后，许多国家纷纷效仿。以下是一些世界领先葡萄酒国家的主要分类和产地命名系统：

美国	美国葡萄种植区——AVA
法国	地区餐酒——IGP 法定产区酒——AOP
意大利	典型产区酒——IGT 法定地区餐酒——DOC 保证法定地区餐酒——DOCG
西班牙	认证葡萄酒——DO 法定产区认证葡萄酒——DOCa
葡萄牙	认证葡萄酒——DO 法定地区餐酒——DOC
德国	优质葡萄酒——QbA 高级优质餐酒——QmP
澳大利亚	地区酒——GI

单一葡萄园酒

许多葡萄酒在市场和销售的数量非常有限，因为它们是由单一葡萄园的出产酿制的。在法国，最好的葡萄庄园称为特级酒庄和一级酒庄，葡萄生长在产区中的特定小区域。美国刚刚开始采用特定葡萄园模式，只有非常少的种植区采用严格限定小区域葡萄园的模式。

因为来自同一个葡萄园的葡萄更具代表性，因而单一葡萄园的酒通常比那些葡萄种植区域广泛的酒更昂贵。一些葡萄园大得离谱，虽然一开始看上去有些令人震撼。

旧世界白葡萄酒

法国

夏布利酒

白葡萄酒的金牌标杆就是法国的勃艮第酒。主要采用霞多丽制作，这种产于法国东部产区的酒可以陈化数十年，是值得珍藏的名酒。

勃艮第产区位于法国东部狭长山谷。从北部夏布利到南部里昂，整个产区绵延325千米。在两地之间有许多小的家族酒庄，每家酒庄有自己的酿酒风格。许多法国佬在这个区域中投入毕生精力和财力，为酿出绝世美酒。

夏布利（最有名的地区之一）位于勃艮第最北端。这里的葡萄酒曾以清新、坚实、带有苹果味而闻名——年轻且新鲜的霞多丽缩影。如今，一些生产商正在酿制柔和、圆润风格的葡萄酒，更类似于南部的勃艮第酒。在橡木桶中陈化过的葡萄酒更受欢迎。虽然在世界各地都种植霞多丽葡萄，但在夏布利的独特条件下生长的葡萄是最理想的。该地区冷凉，土质多为带有白垩沉积的黏土。在极冷的年份，葡萄难以完全成熟，但一旦成熟后酿出的酒就是霞多丽当中的翘楚。

夏布利酒大多数用来立即消费的，少数要进行熟化。陈年酒通常是由七个特级葡萄园的葡萄酿成。这些小块土地位于平缓的斯瑞河北岸，得益于充足阳光和附近河流的影响。许多优质夏布利葡萄酒在15~30美元，特级酒庄生产的葡萄酒可以卖到几百美元。

法国酿酒术语

Côte/Côteaux：山坡；山侧

Crémant：香槟以外的起泡酒

Cru/Cru Classé：分级葡萄园

Doux：甜味

Miuésime：酿酒年份

Mise en Bouteille au Château/Domaine：酒庄或酒厂的装瓶区域

Sec：干型

Sélection de Grains Nobles：用受到葡萄孢菌感染的葡萄酿制的餐后甜酒

Vendange：葡萄采收

Vendage Tardive：延迟采收

Vieilles Vignes：老葡萄树

七个夏布利特级葡萄园：

- 布朗绍（Blanchot）
- 布格罗（Bougros）
- 雷克罗（Les Clos）
- 格兰诺里斯（Grenouilles）
- 普尔日（Les Preuses）
- 瓦勒穆（Valmur）
- 沃德西尔（Vaudésir）

非官方的第八个特级葡萄园，武当尼（La Moutonne），由普尔日和沃德西尔的部分小块区域组成。

即便这里离香槟地区只有30千米，而离勃艮第的中心却将近97千米，夏布利依然是勃艮第白葡萄酒的主要生产地区。夏布利酒将霞多丽的潜质发挥到了极致。

科多尔

夏布利东南的科多尔是许多昂贵而著名的勃艮第白酒的产地，名字的意思是“黄金斜坡”，揭示秋季葡萄园叶子颜色的变化。整个地区从北到南只有大约48千米，最宽的地方仅1.5千米。山谷中有两个小区域：尼依丘和博讷丘，这两个地方都生产优质白葡萄酒和红葡萄酒，前者以使用黑品乐酿制的红酒著名，而后者则是白葡萄酒中心。

与夏布利相似，这里的气候寒冷，是全年保持葡萄酸度的理想地方。葡萄酒的生产在这里显得如此重要，酿造传统世代相传。如果单个家庭不酿造葡萄酒，他们就会将葡萄卖给酒厂。由于法国法律严格，葡萄园在兄弟姐妹之间分隔继承。随着时间推移，家庭持有的葡萄园变得支离破碎且极其微小，在有些地方一家人拥有不超过一排的葡萄树。幸运的话，继承得到的葡萄树恰好长在声名远播的特级葡萄园中，或者是虽然不那么知名，但依旧是最高级酒庄的葡萄园。霞多丽酒中，来自以下博讷丘特级葡萄园的酒可值一大笔钱：Le Montrachet，Bâtard-Montrachet，Bienvenues-Bâtard-Montrachet，Criots-Bâtard-Montrachet-Charlemagne。

夏隆内

科多尔再往南的下一个区域，名气稍小一些，但产出的白酒极佳。葡萄园向四周伸展，不像呈长条状的科多尔。夏隆内有五个主要的葡萄酒庄园，两个专门生产白葡萄酒，三个同时生产红葡萄酒和白葡萄酒。

- 布泽虹（Bouzeron，仅生产白酒）
- 吕利（Rully）
- 麦尔格瑞（Mercurey）
- 日夫里（Givry）
- 蒙塔尼（Montagny，仅生产白酒）

马孔区

勃艮第的这一地区霞多丽葡萄酒的产量极大——比其他所有区域加起来的三倍还多。这些酒好喝、易配餐、价格适中。生产中心在东南部的普伊富塞、普伊洛榭、普伊凡泽勒、圣韦朗和维尔-克莱塞。来自普伊富塞的葡萄酒一直以来是最具标志性的马孔区葡萄酒，是品尝勃艮第白酒的基本入门款。

俯视马孔区葡萄园的巨大岩石

如果正确使用，橡木桶可以使简单的葡萄酒得以升华。酿酒商努力将葡萄的果香和橡木的单宁完美结合。如果橡木桶太小，葡萄酒难以形成通过长时间的陈酿获得的芳香和复杂酒体；橡木桶太大，酒的果味将被完全覆盖。在葡萄酒质量方面，勃艮第的生产商完全收放自如，这得益于得天独厚的气候和土壤条件，以及几代人的经验。

八个勃艮第白葡萄酒特级葡萄园中，七个位于科多尔南部的博讷丘。

阿里高特，勃艮第的另一个主要白葡萄品种，在整个区域中用作混合葡萄。但在布泽虹，所有白葡萄酒必须全部用阿里高特酿制。这种酒宜人亲切，但缺乏霞多丽酒的深度和复杂度。

马孔区葡萄酒的生产商：

- 路易拉图酒庄（Maison Louis Latour）
- 富赛酒庄（Château-Fuissé）
- 法维莱酒庄（Domaine Faiveley）

霞多丽镇位于马孔区，一个法国最早种植葡萄的地方。

品尝阿尔萨斯最好的白葡萄酒，从51个特级酒庄的产品中寻找。

试试这些传统的阿尔萨斯奶酪，可以与本地区的特色脆爽白酒搭配：

- 比巴拉卡斯（Bibalakass）
- 布鲁埃尔（Brouère）
- 巴尔加斯（Bargkass）
- 明斯特（Munster）或者明斯特－杰罗姆（Munster Géromé）

阿尔萨斯

法国东部阿尔萨斯的酒在很多方面与德国酒很像。酒瓶细而长，绿色，生产商与葡萄品种的名字都听起来像是德国的。该地区与德国关系密切，在历史进程中，不断由法国和德国轮流占领，形成了如今的景观。寒冷的气候造成果实瘦弱，生产出的葡萄酒酒精含量低。雷司令、西万尼、琼瑶浆、麝香、白品乐、灰品乐、夏瑟拉和欧塞瓦是这里最常见的葡萄品种。

与德国葡萄酒相比，阿尔萨斯葡萄酒通常更干爽和成熟，这意味着它们有着水果风味，没有太多的残糖，回味锐利、紧实、脆爽，带有矿物味。第二次世界大战之后，德国酿酒走向部分发酵，旨在酿出甜美丰满的酒；而阿尔萨斯则采用整体发酵，酿制干爽型酒。

阿尔萨斯曾一度成为法国唯一葡萄酒标签上标明葡萄品种的地区。之后这种方式逐渐蔓延到法国其他地区，乃至欧洲其他地区，这是阿尔萨斯葡萄酒有着忠实追捧者的原因。

阿尔萨斯的干燥气候是因为法国西部孚日山脉阻止了大部分的雨水。种植者在10月和11月收获葡萄，酿造干甜葡萄酒。标记Vendange Tardive的葡萄酒是使用晚收的葡萄酿制的。葡萄酒并不总是甜蜜的，总有些残糖抵消较高的酒精和丰富的酒体。更珍贵的是标记Sélection de Grains Nobles的酒，是由感染贵腐病灰霉病菌的过熟葡萄制成。

卢瓦尔河谷

卢瓦尔河谷被誉为“法国花园”，产出大量葡萄，酿制的葡萄酒种类繁多。白诗南、长相思和勃艮第香瓜占主导。很多产地围绕着卢瓦尔河岸，河流从法国中部倾斜而下，一直流到大西洋。气候通常比法国其他地区寒冷，因此许多葡萄酒酒精度低，酒体轻盈。

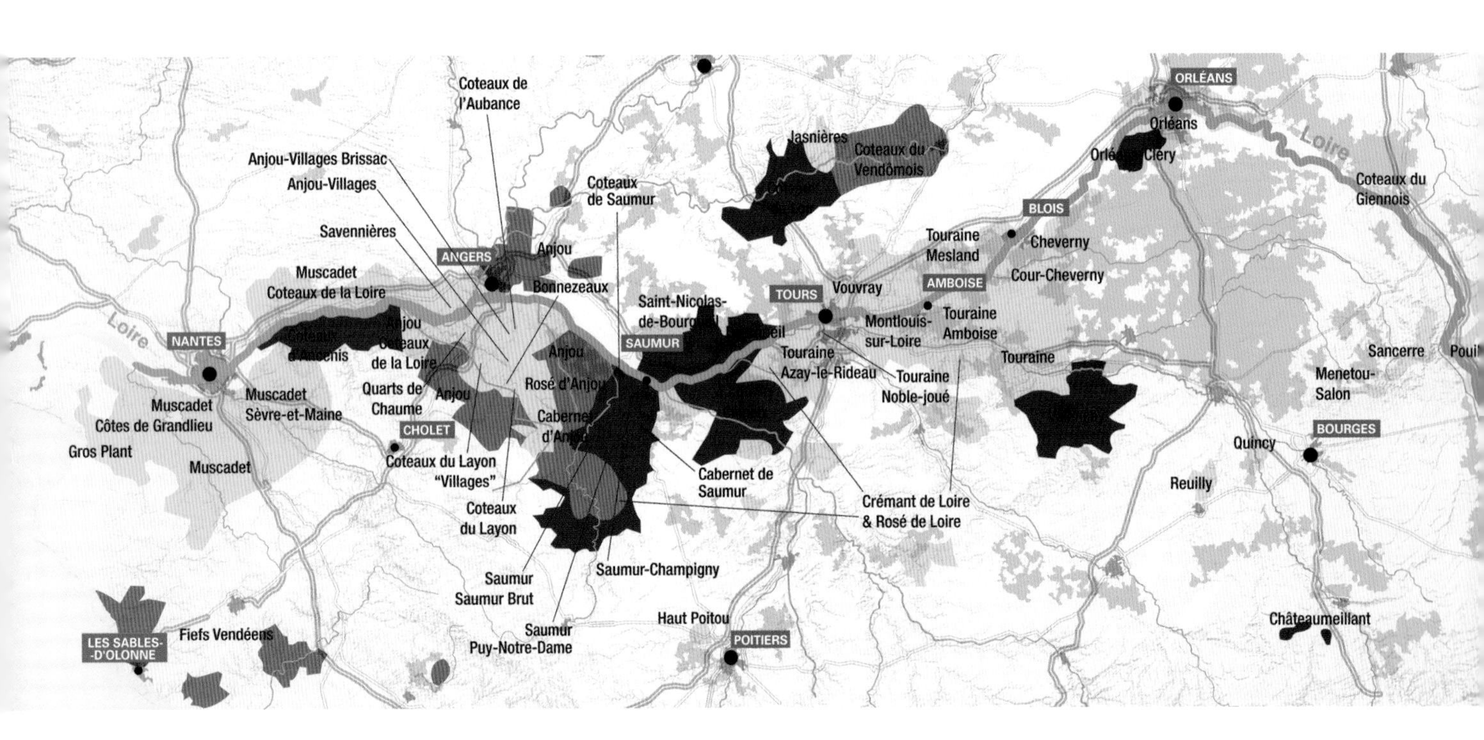

卢瓦尔河谷的葡萄酒产区

卢瓦尔河是法国最长的河系，起源于法国东南部塞文山脉，全长965千米。数天之内，河流水位的变化会达到好几码（1码＝0.914 4米），因而被称为一条“疯狂”的河。河里的小岛每年都会缓慢移动。河流带给葡萄园大量淤泥和矿物沉淀。这里温暖的秋季使得葡萄可以很好地成熟，只是偏北的葡萄园葡萄难以成熟得很完全。

卢瓦尔河谷的酿酒产区始于中心葡萄园，这个名字的产生主要因为其地理位置相对于法国其他地方更靠中心一些。最重要的城市是奥尔良，因1429年圣女贞德将其从英国解放出来而闻名。白葡萄酒的主要产区是普依芙美和桑赛尔，产出世界最好的长相思酒。当地人认为，它们比在新世界国家生产的长相思酒更轻盈、脆爽。但愿这里所有的酒都能保持轻盈、新鲜、脆爽的特点。很少使用橡木桶进行陈酿，因为橡木桶会掩盖长相思独特的香气和味道。当然也有例外，像著名酿酒师Didier Dagueneau使用橡木桶酿出的酒依然取得了令人崇拜的地位。

再往下游的武弗雷则种植白诗南。依据每年葡萄的成熟度和酿酒师的观点，酿制出起泡酒、极干酒、干酒和甜酒。普遍认为世界上没有其他地方可以生产出如此优雅、结构平衡、香气复杂的葡萄酒。这些酒成功的关键是其酸度；即便口腔充分感受到甜度，酒中有力的酸仍能够使人感受到酒的活力和平衡结构。

卢瓦尔河流向大西洋。这里种植的勃艮第香瓜酿出名为蜜思卡岱的白葡萄酒。这款酒并不复杂，在纷繁的法国葡萄酒世界中占有一席之地。脆爽，酒体瘦弱，后味略咸。有些酒采用了酒泥陈酿法（*sur lie*），酒与酵母的接触时间延长，这使得最终成品带上奶油般的口感，超过80%的蜜思卡岱是由塞维尔-缅因产区出产的。

早在公元1世纪，高卢人首次引入葡萄酒酿造技术。卢瓦尔河成为当时主要贸易线路，葡萄酒在沿着河流的区域生产和流通。

在卢瓦尔河谷，长相思被称作白芙美，酒味尖锐，带有烟熏味。

后来“白芙美”被罗伯特·蒙达维借用并商业化，这款酒成为加利福尼亚长相思酒的标准。

罗讷河谷

生长得很好的维奥涅尔也是名贵白葡萄品种之一。虽然不如霞多丽和雷司令有名，但可以酿制出同样惊人的葡萄酒。孔得里约是在罗讷河谷北部大约133公顷的一小块地方，单一种植维奥涅尔。这个区域被红葡萄产区所包围。小小的孔德里约就像是红葡萄酒海洋中的一小块白葡萄酒绿洲。无论是干酒、半干酒或是甜酒，都能展现出维奥涅尔葡萄的优良特质。酒通常比较贵，带有蜂蜜、熟杏、梨、橘子味的醉人香气。罗讷河谷更南端的埃米塔日和克罗兹-埃米塔日产区生长着白葡萄马尔萨讷和胡姗，酿出的酒宜人丰厚，带有浓重的矿物味和石灰味。在更南端，帕普（教皇）新堡采用白歌海娜、布尔朗克和克莱雷特酿制白葡萄酒。这些葡萄也被加入红葡萄酒中，用于软化西拉和歌海娜中粗糙的单宁。

罗讷河谷还因其桃红酒而闻名，特别是塔维勒的桃红酒。这些用歌海娜酿制的酒被很多人认为是世界上最好的桃红酒。

波尔多

波尔多白酒用赛美蓉、长相思和蜜思卡岱酿制。这些地区的干白葡萄酒因波尔多红酒的出名而显得很低调，但却值得一试。这些酒因其地位的高低而标以不同价位。赛美蓉和蜜思卡岱糖分含量高，酿出的葡萄酒带有花香和蜂蜜味，以及蜜蜡般的质感，如果加入长相思，其脆爽酸度就会增加酒体的结构感。

意大利

正如其西面的邻居一样，意大利每年生产近6亿瓶葡萄酒。意大利气候的季节性变化，为葡萄生长提供了必要的条件。白葡萄酒主要在北部出产。葡萄园得益于日照时间长，以及阿尔卑斯山的寒冷轻风带来的清凉夜晚。因拥有数百种本地葡萄，意大利是搜寻美酒最令人刺激和兴奋的国家之一。

西北部

皮埃蒙特大区是意大利最值得骄傲的红酒的产区，也同样生产大量白葡萄酒。加维是用小镇的名字命名的葡萄酒，根据法律必须使用科特斯葡萄进行酿制。这种葡萄酒酒体轻盈至中等，带绿色光泽。多数加维葡萄酒脆爽清冽；也有一些生产商正尝试用橡木桶对其进行陈化。其他葡萄品种包括厄拜柳丝、阿内斯和麝香，其中麝香通常用于酿制起泡酒和甜酒。

罗讷河谷，采摘下的白歌海娜
进入压榨程序

著名的波尔多砾石和鹅卵石
土壤

瓦莱达奥斯塔是意大利最小的地区。海拔太高，葡萄生存条件恶劣，产量少。小奥铭、灰品乐和白布里耶是主要白葡萄品种。因气候严寒，葡萄成熟不够，大多数葡萄酒酒精含量低，颜色清淡，但这些缺陷被高品质所弥补。大多数生产商从陡峭的梯田式葡萄园里精心挑选最好的葡萄，制成“精品”葡萄酒。

东北部

意大利白葡萄酒最重要的产区位于弗留利、特伦蒂诺-阿迪杰和威尼托。这三个地区都有着白葡萄生长的最佳气候，土壤成分富含砾石、白垩和石灰岩。这些土壤中的成分在成品酒中表现出燧石、石灰和烟的芳香气味。再加上用橡木桶进行陈化，具备了获得珍贵陈年白葡萄酒的完美条件。

在皮德蒙特地区的丰塔纳夫雷达葡萄园俯瞰

弗留利在意大利的东南角。一般种植霞多丽、赤霞珠和白品乐。也有一些土著葡萄品种，如富莱诺、博拉基亚拉、马尔瓦西亚和皮科里特。无处不在的灰品乐，无论其是不是土生土长的意大利品种，已经成为脆爽年轻意大利白葡萄酒的代名词。不用说，这一地区有诸多值得尝试的酒。亚得里亚海的暖风吹过高山地区的葡萄园，西北越过山脉的气流使得夜晚寒冷。弗留利对于种植葡萄品种的政策宽松，各种葡萄都可以使用，所以，常常可见生产者使用不同的葡萄酿制葡萄酒。此外，在某些情况下，也有生产商用其种植的葡萄制作混合酒。如果你发现葡萄酒是用四到五种，甚至更多种葡萄酿制而成，请不要感到奇怪。

特伦蒂诺-阿迪杰是意大利境内一个非常独特的地区。土壤底层是带有矿物沉积的火山岩，称为石英斑岩，表土是砂土和白垩土。砂土多孔，使基土中储备充足的水分，在干旱季节维持葡萄生长；也易于保持白天阳光的热量，帮助葡萄度过寒冷的夜晚。由于这种条件，许多葡萄酒显出矿物味，年轻时酸度高，并能比意大利其他地区的葡萄酒陈化时间长十多年。常见的葡萄品种有赤霞珠、霞多丽、特拉米讷、白品乐、莫斯卡托基亚拉、诺早拉、穆勒图格和西万尼。

意大利20个产区里，威尼托是产量最高的地区，每年生产几千万瓶葡萄酒，有起泡酒（普罗赛克）、白葡萄酒（索阿韦）和红葡萄酒（瓦尔波利塞拉）。索阿韦是意大利最具历史意义的白葡萄酒产区。加加内加是主要的白葡萄品种，用来制作索阿韦酒。这种葡萄酒令人忍不住痛饮，既有花香，又简单，与当地奶酪和熏肉搭配时极其完美。第二次世界大战后，索阿韦酒一度十分流行。意大利葡萄酒已成为全球葡萄酒市场的主要组成部分。

雪顶的山脉俯瞰着弗留利地区的瓦尔特–斯卡波罗葡萄园

推荐加维酒生产商：

- 皮欧凯萨（Pio Cesare）
- 丰塔纳夫雷达（Fontanafredda）
- 马迪尼蒂（Martinetti）
- 拉巴蒂斯蒂纳（La Battistina）
- 拉吉布里纳（La Ghibellina）

酿酒师也是农民，他们将每年出产的葡萄混合起来酿制葡萄酒，这是高效利用果实的好办法。在单品种葡萄酒普及之前，混合葡萄酒处处可见。混合酒被称为“不同园地的混合”。

灰品乐归类为白葡萄品种，但实际上葡萄皮是灰色和铜色调。传统意义上，葡萄压碎后，在发酵过程中葡萄皮保留其中。这样酿出带有铜色调的橙色葡萄酒。现在，一些在意大利东北部的酿酒商生产两种类型的灰品乐酒，一种是发酵过程剔除葡萄皮的，酒品看上去轻盈透彻；另一种是加入葡萄皮充分浸渍的，称为“ramato”，在意大利翻译为“铜”，意指葡萄酒的颜色。有葡萄皮参与发酵的酒口感更为丰富、肉质，同样仍保持清新，与通常的灰品乐酒一样富有特色。

中部

托斯卡纳最重要的白葡萄酒是维纳西卡迪圣杰米纳诺（Vernaccia di San Gimignano）。维纳西卡葡萄生长在四周风景如画的山顶小镇圣杰米纳诺。葡萄酒轻盈干爽，有桃子的味道和香草气味。靠近海岸线，有更精致的维蒙蒂诺葡萄，它在较低的平地和砂质土壤中长得更好，酿出的酒酒体中等至丰满，风味与香气可媲美雷司令：有着汽油和橘子皮的香味，酸度强。

维蒂奇诺是一种意大利中部的土著葡萄品种，原产于马尔凯，在那里酿出的酒有着桃和梨的香气，与经典马歇安诺鱼“布罗代托”鱼汤完美搭配。来自海岸地区杰斯的葡萄酒带点肉质感，风味馥郁，而内陆马泰利卡葡萄酒则活力十足、酒精度低。

在阿布鲁佐酿酒显得非常简单。大多数红葡萄酒使用蒙蒂普尔查诺酿造而成，而大多数白葡萄酒则使用特雷比亚诺。总体来说，这里的酒很随和，适合买来即饮。两位生产商酿出了特雷比亚诺的极品酒：埃米迪奥·佩佩和爱德华多·瓦伦蒂尼，他们的酒获得了全世界的认可，几乎主宰了阿布鲁佐葡萄酒世界达半个世纪之久。大多数特雷比亚诺葡萄酒轻盈简单，白酒复杂、浪漫，值得陈年。这里的葡萄园精工细作，酒厂精进改革，在葡萄酒世界中声名远播。

传奇人物酿酒师埃米迪奥·佩佩采收特雷比亚诺葡萄

意大利葡萄酒酿造术语

Abboccato: 微甜

Amabile: 半甜

Appassimento: 一种晾干葡萄的方法

Dolce: 甜

Frizzante: 轻度起泡

Passito: 干葡萄制成的葡萄酒，通常较甜

Secco: 干型

Vendemmia Tardiva: 晚收

Vino liquoroso: 加强酒

Vin Santo: 托斯卡纳常见甜酒

阿布鲁佐白雪覆盖的葡萄园

大多数意大利葡萄酒都标有葡萄品种和其生产城市或乡镇的名字。例如，“Morellino di Scansano”是指采用莫雷尔利诺葡萄，在斯坎萨诺镇生产。

南部及岛屿

坎帕尼亚有三个本地葡萄可以尝试：格列柯、菲亚诺和法兰娜。格列柯或称“小希腊”，据称是整个意大利众多葡萄品种的亲本。它在图福镇生长旺盛，酿出的葡萄酒丰满、黏稠，带有梨和松树的味道。凝灰质火山土壤，小镇以此命名，向葡萄提供了钙质，产出紧实可口的葡萄酒。凝灰质土壤下的一层砂土和黏土提供氧气和良好排水性能。

菲亚诺在内陆的阿韦利诺山地生长更好，能产出优雅的葡萄酒，带有菠萝的浓郁香气，回味悠长滑润，有着坚果和泥土香。如果用橡木桶陈化，葡萄酒能带上香料和榛子的味道，陈放时间可达3~6年，更显深邃复杂。

Falanghina（法兰娜）源自拉丁语，意思

西西里岛东南部的诺托葡萄园

是“桩”或“杆”，意指葡萄种植早期架棚的方法。法兰娜酒带有松树和葡萄果实的香气。这三款酒都很适合搭配意大利当地的莫泽雷勒干酪。

阳光明媚的西西里岛和撒丁岛盛产许多不同类型葡萄。格里洛、尹卓莉亚和卡塔拉多主要生长在西西里岛西部，酿出轻盈、果香浓郁的葡萄酒。卡利坎也是深受欢迎的品种，主要生长在西西里岛东部，欧洲最高活火山——埃特纳火山的斜坡上。酿出的酒有着成熟水果和焦烤味，后味呈现烟灰味，显然是火山灰土壤造成的影响。撒丁岛素来以新鲜略带海水味的白葡萄酒著称，由维蒙蒂诺和努拉古斯葡萄酿制。

岛上的生产者要操心的就是吹自非洲的热风，风的猛烈和带来的酷热会对葡萄园造成无法挽回的损失。因此生产者常将葡萄树修剪得低伏于地面，并尽量多地保留葡萄叶以遮蔽果实。

西西里岛埃特纳火山斜坡上的葡萄园

西班牙

西班牙是第三大葡萄酒生产国，享受美食与葡萄酒的文化植根于西班牙。地区与地区之间气候和土壤的变化，使葡萄种类各不相同。因此，西班牙提供不同类型的葡萄酒，有起泡酒、白酒、红酒和加强酒。

除了雪莉酒，西班牙最重要的白葡萄酒来自北方。加利西亚在西班牙西北部，与葡萄牙接壤，整个区域郁郁葱葱，满是山地和森林，河流穿行其间。主要的白葡萄品种是阿尔巴利诺，酿出的酒清新尖锐，带有桃子、梨和柑橘的香气。喜欢有活力的酸性白葡萄酒的人应能接受这种令人牙齿打颤的葡萄酒。

加利西亚区域内有五个小产区：下海湾地区、里贝罗、瓦尔德奥拉斯、萨克拉河岸和蒙特雷依。其中下海湾的酒最受欢迎，市面上也最容易找到。

位于加利西亚东部、西班牙中心的里奥哈，也是西班牙最有名的葡萄酒产区。1991年，这里成为第一个获得国家最高标准——优质法定产区（DOCa）的酿酒区。虽然里奥哈生产的红葡萄酒更有名，且非常受欢迎，该地也生产制作精良的白葡萄酒。制作白葡萄酒的葡萄主要是维奥娜，又名马家婆。用于调制维奥娜混合酒的其他葡萄品种包括白歌海娜、玛尔维萨里奥加努、白马图拉纳、霞多丽、长相思和弗德乔。

西班牙有全国统一的葡萄酒生产法规。一些著名地区，如里奥哈和杜埃罗河岸产区有各自更详细的规定。总体上，西班牙生产者遵循以下葡萄酒分类方式。

酒龄	白酒/桃红酒	红酒
新酒	比佳酿酒陈年的时间短	比佳酿酒陈年的时间短
佳酿酒	18个月（至少有6个月在木桶中）	2年（至少有6个月在木桶中）
珍藏酒	2年（至少有6个月在木桶中）	3年（至少有6个月在木桶中）
特级珍藏酒	5年 （至少有18个月在木桶中）	4年（至少有6个月在木桶中）

在南部的卡斯蒂利亚–列昂，鲁埃达白葡萄酒用弗德乔葡萄酿制而成。因为这种葡萄极易氧化而失去风味，酿出的葡萄酒短时间内就会从脆爽新鲜变得富含坚果和焦糖味。自20世纪70年代起，生产者再度关注弗德乔。酒庄在现代技术上做出投资，葡萄园也更加精耕细作。大约在同一时期，长相思引入该地区。如今这里葡萄酒的品种众多，有单一品种葡萄酿制的酒，也有使用两个葡萄品种的混合酒。

西班牙比其他国家有更多的土地种植葡萄树，大约 1 214 574 公顷。

推荐鲁埃达酒：

- 瑞格尔侯爵酒庄（Marqués de Riscal）
- 维诺斯桑斯（Viños Sanz）
- 阿尔瓦雷兹帝亚斯（Alvarez y Diez）
- 安塔诺酒庄（Bodegas Antaño）

德国雷司令因其甜味而声名远播。甜度水平差异很大，大多数德国雷司令酒为干型或半干型葡萄酒，带有淡淡的甜味。许多口味甜和富含果味的酒，也被归为干酒。只有一小部分产品是甜酒。

术语“含残糖”并不总是意味着葡萄酒口感甜蜜。如酿制恰当，酒中酸度表现超过糖分表现，葡萄酒就会口感干爽。优秀的德国葡萄酒口味丰富、酒体饱满、酸度平衡。

德国葡萄酒地区被称作产区（anbaugebiete）。每个产区进一步划分为区域（bereiches）、小区（grosslagens）以及葡萄园（einzellagens）。

德国土壤非常适合葡萄生长。白天，土壤中的石板与石粒将太阳光反射到葡萄树上，而夜晚则能保留太阳能，维持较高的土壤温度。

在搜寻德国葡萄酒时，注意以下术语。

Trocken：干型

Halbtrocken：半干型或中度干型

德国摩泽尔陡峭梯田式的葡萄园

德国

所有的国家中，德国葡萄酒法律最独特。除了地理界限，还对收获季节葡萄成熟度和含糖量进行分级。这里气候寒冷，基本上已是葡萄生长的北限。逻辑上讲，葡萄越成熟，葡萄酒质量越高；大多数情况下，这也是实情。葡萄酒在德国的表现却使这一规则难以解释。

以下是根据葡萄成熟后，从低糖到高糖进行的德国葡萄酒分类。糖分最高的葡萄酒不一定是最好的。酿酒师在葡萄上花费更多精力和资源，以酿造出更复杂、更优质的葡萄酒。

- 日常餐酒（少于总量的5%）
- 地区餐酒
- 优质餐酒（QbA）
- 高级优质餐酒（QmP）

高级优质餐酒（QmP）又作以下区分：

- 珍藏：QmP的第一个等级；酒精含量最低。干型酒。
- 晚收：葡萄推迟两周采收。干型酒。
- 精选：对采收的葡萄逐串甄选。微甜到甜。
- 逐粒精选：挑选受葡萄孢菌病害感染的颗粒，糖分浓缩。甜。
- 特罗肯比勒瑙斯利泽（简称为TBA）：由受葡萄孢菌感染的干瘪葡萄酿制。甜。
- 冰酒：葡萄在冰冻时收获压榨。高萃取率、高酸性。

德国有13个主要葡萄酒产区，多数位于德国西南部。最好的葡萄园在靠近莱茵的区域——摩泽尔、内卡、纳比、萨尔、乌沃和美因河区域。大多数葡萄是人工采摘，许多酒厂都属于家庭小作坊式。

雷司令是德国最重要的白葡萄品种，生长在不同的土壤和气候中，但最好的雷司令酒来自摩泽尔。优雅无与伦比，混合以汽油、柑橘和新鲜香草的浓郁芳香，是世界雷司令酒中的上佳之作。酒体清澈，口味复杂，值得陈年。其他生产特色雷司令酒的地区还有莱茵高、普法尔茨州和莱茵黑森。

德国的其他白葡萄品种还包括：克纳、西万尼、灰品乐、白勃根达（白品乐）和穆勒图格（直到1996年才被广泛种植的白葡萄品种）。最值得炫耀的还是雷司令。

奥地利

奥地利主要葡萄酒产区位于东部，是全欧洲最干旱的产区。葡萄园蜿蜒分布于山区和谷地，紧邻捷克共和国、匈牙利、斯洛伐克和斯洛文尼亚边境。奥地利最著名的白葡萄酒采用雷司令、霞多丽、穆勒图格、长相思、白勃根达（白品乐）和西万尼酿制。高海拔的葡萄园，加上凉爽的气候，生产出强烈、新鲜、酒体轻盈的葡萄酒。

如果搭配奥地利维也纳炸肉排，就用这里最重要的白葡萄品种绿维特利纳酿出的酒。这种葡萄在奥地利主要葡萄酒产区都有种植，每年全国35%以上的葡萄酒都是用这种葡萄酿制的。酒的风格多样，轻盈干爽型到丰满半干型。上佳的酒呈现薄荷、绿梨、香草和石墨的芳香。大多数酒都未经过橡木桶陈化，超清爽的酸度使他们适合搭配各种菜肴；拥有灰品乐的新鲜感和雷司令的水果香气。

奥地利从北向南的葡萄酒产区是下奥地利州、维也纳、布尔根兰州和施蒂里亚。下奥地利州是奥地利最大的葡萄酒产区，葡萄酒产量占整个国家一半以上。代表性酒品来自瓦豪、克莱姆萨和坎普塔。在奥地利南部施蒂里亚州的葡萄园里大多数种植长相思。

位于奥地利瓦豪的山坡葡萄园

欧洲其他地区

捷克共和国80%的葡萄酒是白葡萄酒，大多数是由穆勒图格、雷司令、白品乐、长相思和本地葡萄品种伊尔塞奥利佛制成。大多数情况下，酿制的酒轻盈、清新、香气十足。

英国有超过1 214公顷葡萄园，这个数字是2004年时的两倍。生产的主要是白葡萄酒和起泡酒。葡萄园基本位于葡萄生产的北限，因而年产量较低，英国人仍旧热衷于葡萄栽培。这个国家在有记录的历史中大多数时候是葡萄酒进口国。很快他就能依赖自己生产的葡萄酒了。穆勒图格是这里种植最多的葡萄品种，其他品种还包括白谢瓦尔、欧塞瓦和夏瑟拉。

希腊的葡萄园主要在马其顿和伯罗奔尼撒半岛，当然，其他许多岛屿也零星种植着各个品种的葡萄。红酒和白酒都有生产。由本地葡萄品种——阿尔西提可、罗柏拉和里亚提克酿出的白酒紧实而略带咸味，这使得希腊成为一个独特的葡萄酒生产国。

匈牙利最好的葡萄酒产区位于该国西部巴拉顿湖区。本地白葡萄苏祖克贝拉提，科尼耶鲁和富尔民特可酿造出沁人心脾的葡萄酒，而白葡萄托卡伊主要用于生产甜酒。

葡萄牙最著名的白酒就是绿酒。主要葡萄品种有金丝、塔佳迪拉、阿瑞图和奥瓦里诺。葡萄酒轻盈、脆爽、明亮。葡萄牙人很喜欢这种酒，而将这里的一种加强酒——波特酒用于陈年。

斯洛伐克的白酒简单易饮，由白品乐、穆勒图格、西万尼、特拉米讷葡萄和长相思酿制。葡萄酒爱好者都希望这里的托卡伊酒能有所突破，匈牙利就用这种葡萄酿出其招牌酒。

斯洛文尼亚的气候与意大利北部地区的气候相近，生产的葡萄酒中有一半是白葡萄酒，这些白葡萄酒质量上乘。拉斯基雷司令、长相思、丽波拉盖拉和白品乐酒值得一试。

瑞士仅将其葡萄酒产量的10%用于出口，且大多是用夏瑟拉酿造的白葡萄酒。从日内瓦湖吹来的暖风有助于葡萄园抵抗冬季严寒。葡萄酒酒体轻盈，适合立即消费。最好的葡萄酒来自该国西部讲法语的区域，即瓦莱、沃州、日内瓦州和纳沙泰尔。

与德国葡萄酒相比，因全年气候更温暖，葡萄成熟更充分，奥地利白葡萄酒显得更为丰富饱满。

奥地利生产的葡萄酒80%是白酒。

在下奥地利州的瓦豪购买葡萄酒时，需要知道以下术语。分类是按照采收时葡萄中的糖分水平确定的。

- Steinfeder——轻盈活泼；酒精含量最高为11.5%。
- Federspiel——酒体优雅紧实；酒精含量介于11.5%~12.5%。
- Smaragd——非常成熟有力；酒精含量最低为12.5%。

2002年，奥地利政府推出了DAC系统，本国产区分级系统，类似于法国、意大利和欧洲其他国家的分级体系。DAC代表奥地利法定酒区。目前，有八个批准的DAC产区：坎普塔、克莱姆斯谷、特莱森谷、万菲尔特、雷萨伯格、中部布尔根兰、艾森伯格和诺伊齐德勒。

美国的葡萄酒酿造历史

美国的葡萄酒酿造历史悠久而富有传奇色彩，虽然不像欧洲葡萄酒世界那样多姿多彩。传教士早在17世纪就在美国加利福尼亚州、亚利桑那州以及新墨西哥州传播葡萄种植和酿酒技术。美国东部的移民也同样起到了重要的作用，比如约翰·詹姆士·杜富尔。1820年在俄亥俄州，杜富尔用一种叫开普的杂交品种开始了各种葡萄酒类型酿制的尝试。尽管他没有成功培育出像赤霞珠和美乐这样的品种，但他的努力并没有被漠视，他被认为是美国葡萄酒的创始人之一。他将自己的经验整理成《美国葡萄园丁指南》，1826年在辛辛那提出版，但仅仅印刷了500册。

另一些移民跟随杜富尔的足迹，尝试着将葡萄种植和酿酒技术相结合，即他们的欧洲本土特色与美国南部特点的结合。当葡萄根瘤蚜毁坏了欧洲的葡萄园，美国的葡萄种植者提供了数百万的根茎使他们的种植园重获新生。这些美国农民主要在俄亥俄州和密苏里州。像乔治·赫斯曼，一位密苏里州的积极分子，倡导葡萄酒酿制，推动成立葡萄种植委员会。他坚持撰写关于葡萄酒和他在加州和密苏里州种植葡萄的经验的书，在那他创立了橡树谷酒庄。由于他的贡献，密苏里州在19世纪后期成为了葡萄酒制造的领头羊。

托马斯·杰斐逊，美国最富激情的葡萄酒爱好者，尝试在弗吉尼亚州蒙蒂塞洛酿制世界级葡萄酒。

随着欧洲移民不断在加利福尼亚州定居，葡萄酒业活跃起来，当时的一些酒厂还与如今的葡萄酒业有着关联。

保罗·马森：由法国的保罗·马森创立于1852年。

贝林格：由德国的雅各布和弗雷德里克·贝林格创立于1875年。

西米：由意大利的杰赛普和彼得罗·西米创立于1876年。

鹦歌：由芬兰的古斯塔·尼鲍姆创立于1879年。

遍及全国，葡萄酒制造业开始起步。当一切看起来很美好时，第18号修订案颁布了。1920年的法律禁止酒精饮料生产和上市。幸亏，沃尔斯特法案的条款准许在家庭中自产并仅限于家庭饮用，圣典使用的葡萄酒也同样得到许可。一些酒厂通过向这些获许酿酒的顾客出售浓缩葡萄汁得以生存。

禁酒令在14年后被废除，幸存下来的葡萄酒厂开始大规模生产，葡萄酒贸易空前高涨，供不应求。欧内斯特和胡里奥·加洛顺势进入。

加洛家族企业起始于意大利北部的皮埃蒙特，意大利葡萄酒的最好产地。随着1933年末禁酒令的取消，欧内斯特和加洛很快在美国开始葡萄酒的生产和销售。他们投资大片耕地及设备，例如工业装瓶机。1942年，他们聘请了第一个葡萄酒酿造专家查尔斯·克劳福德监督葡萄酒的生产，以提高葡萄酒的品质。

公司迅猛发展并开始研究和开发不同的葡萄品种，探索酿制葡萄酒的不同方法。为了跟上发展的要求，两兄弟成立了玻璃和铝制品厂，生产自己的玻璃瓶和瓶盖。采用了多个葡萄品种的混合酒是他们早期的拳头产品，之后标示有葡萄品种的单一品种酒也取得了成功。

巴黎评判

美国葡萄酒业经历了经济大萧条时期和两次世界大战，遭受经济危机和供求不均衡。20世纪60年代的经济复苏，使得葡萄酒业得到了恢复。1976年美国葡萄酒初次出现在巴黎的葡萄酒评比中。美国的红葡萄酒和白葡萄酒与法国葡萄酒放在一起做品尝比较，称作“巴黎评判”。一个权威法国评判小组一致认为鹿跃酒厂的1973年赤霞珠和蒙特雷纳酒庄的1973年霞多丽酒分别是其红葡萄酒和白葡萄酒中的冠军。品酒采用“盲品”形式，意味着评酒师根本没有办法知道他们品评的是哪种酒，然后按照喜爱的顺序排列出来。参评的葡萄酒有来自法国最有影响的产区。这次比赛的结果震惊了世界。比赛后，优质的葡萄酒成为了当时讨论的主要话题，更多的讨论重点是对于美国葡萄酒的。

汤普森无核葡萄是在禁酒令期间加州种植最多的品种。很多家庭自酿产品都出自这种葡萄。

E. & J. 加洛葡萄酒公司是目前为止世界第二大葡萄酒酿造公司，位居澳大利亚奔富葡萄酒有限公司之后。公司拥有60种不同品牌，雇员超过5 000人，包含16个家族成员中的三代人，产品销往90多个国家。

美国葡萄酒历史中的其他人物

阿戈什顿·哈拉齐(1812—1869)

1856年，一个匈牙利移民哈拉齐在索诺玛建立了布埃纳维斯塔酒厂。经美国加州政府允许，哈拉齐遍寻欧洲，带回优质葡萄枝。尽管他从欧洲到美国带来100 000株葡萄藤，存活下来的却只有一小部分。不论怎样，他都是美国加州的杰出人物，是他为葡萄酒的酿造燃起了星星之火。

康斯坦丁·弗兰克(1899—1985)

乌克兰出生的弗兰克引领了美国东部的葡萄酒制造业。他在葡萄栽培方面具有超前意识，首先设计了预防霜冻的覆盖设施，他的方法直到现在都在被世界各地广泛使用。他对美国葡萄酒的前景充满信心。由于他，雷司令、品丽珠、美乐都成为了美国东部非常受欢迎的葡萄品种。

弗兰克·休恩梅克(1905—1976)

在经济大萧条时期，一个普林斯顿的辍学者休恩梅克遍访欧洲，建立起葡萄酒进口和分销公司，专营法国和欧洲其他地区的葡萄酒。他鼓励美国加州的酿酒商增加土地种植面积，并在标签上标注以品种，如“纳帕河谷赤霞珠”。鉴于这些建议，加州的大桶酒变得知名。他是葡萄酒分销领域的标杆式人物，并就葡萄酒标签的制作向本地供应商提出很多合理建议。

梅纳德·阿梅林(1911—1998)

阿梅林是加州大学戴维斯分校的一名学者，同时也是葡萄种植和栽培方面的重要专家。他和同事艾伯特·温克尔一起，在收集了多年土地受阳光照射数据基础上，研究出适用于加州的热力求和指数，用于鉴定葡萄生长的最佳土地。热力求和指数后来成为普及世界的精选葡萄园土地的标准。阿梅林还撰写了16本书和几百篇文章，涉及葡萄和葡萄酒的方方面面。

罗伯特·蒙达维(1913—2008)

起家于明尼苏达州，是蒙达维提高了美国葡萄酒的地位，使美国葡萄酒从平庸走向了世界舞台中心。还是斯坦福大学的一名大一学生时，他就热衷于化学和科学课程，向着父亲的预言——成为一名成功的葡萄酒制造者和商人努力。在禁酒令期间，他的父亲便买下了美国加州圣海伦娜的阳光山冈酒厂，并改名为阳光圣海伦娜酒庄。蒙达维立即投入了其中，并开始学习葡萄酒贸易。酒厂致力于生产桶装葡萄酒。蒙达维的尝试首先着力于生产优质果汁。

他所欣赏的四大酒业是：鹦歌、碧流葡萄园、勃林格兄弟酒庄和拉克米德。为了发展，他在1943年用75 000美元购买了查尔斯·克鲁格酒庄。他聘请了安德烈·契里契夫——一位俄国出生的葡萄酒专家，两个人共同塑造了成功的典范。他们尝试采用温控发酵箱、无菌灌装、真空清除、延长果皮浸渍时间、法国大容量盛装等一系列新方法。蒙达维还在1950年设计出正式的“品酒室”和休闲娱乐区。

酒厂的成功是巨大的，葡萄酒的品质是至高无上的。1965年，他离开了他的兄弟和其他蒙达维家族成员，开创自己的产业——罗伯特·蒙达维酒庄。他一直保持与美国葡萄酒业中的著名人物合作，比如沃伦·维纳斯基、麦克·格吉弛、兹玛·兰等。

由于他的贡献，美国的知名葡萄酒不仅包括甜酒、加强酒，还囊括了举世闻名的高品质葡萄酒。1966年，加州的231家酒庄生产了3.25亿升加强酒和2.08亿升干爽餐酒。1976年，加州的酒厂增加到345家，生产了4 900万升加强酒和超乎想象的11.35亿升干爽餐酒。

加利福尼亚葡萄酒先驱，从左到右：罗伯特·蒙达维、查理斯·福尼、拉图的费尔南德太太、小约翰·丹尼尔和奥·亨廷格

新世界白葡萄酒

美国

美国法定产区称作AVAs。在各个产区中，生产商必须遵循一定的规则和限制。就大多数规则而言，相比欧洲产区制度宽松很多。

加利福尼亚

美国最大的州之一——加州，区域内气候迥异。有的地方凉爽得像法国北部和德国，出产霞多丽、雷司令和黑品乐；有的地方炎热如欧洲南部，适合赤霞珠、桑娇维塞、墨美乐、歌海娜和增芳德生长。品种如此繁多的葡萄使得加州出产各种类型的葡萄酒，你可以根据自己的喜好在各个区域寻找你的所爱。

加州有五大葡萄酒产区。每个产区都有数不清的AVAs和小产区。从北到南主要的区域如下。

北部海岸地区：旧金山北部的大范围山区和谷地。包括纳帕、索诺玛、门多西诺以及湖县。

主要葡萄品种：赤霞珠、 美乐、增芳德、西拉、霞多丽、长相思、雷司令。

赛乐山脉：位于萨克拉曼多东部。包括尤巴、内华达、普莱塞、埃尔多拉多、阿玛多、卡拉维拉斯、图奥勒米和马里波萨县。

主要葡萄品种：赤霞珠、增芳德、霞多丽、长相思、雷司令。

中央山谷：巨大的内陆种植区。加州55%以上的葡萄园在该地区，葡萄酒产量占州的75%。以大罐酒和质量较低的餐酒而闻名，未来几年，该地区着力提高酒的质量。评论家认为，这里的地理和气候条件适合出产低端酒。该地区的葡萄品种众多。

中央海岸：囊括从北部的旧金山到南部的圣塔芭芭拉广袤区域。主要产区在旧金山南部，蒙特雷南部和圣塔芭芭拉北部。

主要葡萄品种：增芳德、霞多丽、长相思、赤霞珠、美乐。

南部海岸：这个地区的历史意义比其出产的葡萄酒更为知名。在19世纪中叶这里的加强酒比较知名，如今来自这个地区的葡萄酒很有趣但过于简单。

主要葡萄品种：霞多丽、长相思、白诗南、赤霞珠、雷司令、美乐、增芳德。

加州生产的葡萄酒占美国总量的90%。如果加利福尼亚自己单独参与排名，它的葡萄酒总产量在全球排名第四。

绑扎铁丝网格的雷司令葡萄园

认识加州葡萄酒标签

下面的条款是加利福尼亚州107个AVAs必须在其葡萄酒标签上标注的。

- **葡萄品种** 所标注的葡萄品种含量必须在75%以上。1983年，这个最低限值在51%。
- **指定AVA** 酿酒所使用的葡萄必须85%以上来自指定产地。比如，“巴索罗伯斯增芳德”必须85%以上使用来自巴索罗伯斯产区的增芳德。
- **指定葡萄园** 酿酒所使用的葡萄必须95%以上来自该指定葡萄园。
- **装瓶商** 葡萄酒必须是拥有并管理该葡萄园的酒厂制造。由该酒厂进行压榨、发酵和生产。如果酒厂从其他源头购买葡萄汁进行葡萄酒的酿制，就会对酒的品质失去把控。有着“装瓶商”的标签，意味着酒商能够完全控制用于酿酒的每一颗葡萄。
- **年份** 凡在酒标中标有收获年份的，则所用葡萄95%以上必须是这一年收获的。
- **标签中的其他条款** 包括商标名称、装瓶地址、健康提醒以及亚硫酸盐和酒精含量。

加州主要白葡萄品种

加州主要的白葡萄品种是霞多丽和长相思，接着就是雷司令、维欧尼、白诗南和白品乐。

霞多丽是最广泛种植的品种，种植面积约占地38 445公顷，大约占加州葡萄园总面积的五分之一。一直以来，加利福尼亚州的霞多丽都代表着华美、滑润、浓郁、带有木香。有些类似法国勃艮第的白酒，这里的霞多丽非常受欢迎。评论家喜欢它，消费者更喜欢它。整个20世纪90年代及21世纪早期，这种酒的美名迭起，加利福尼亚很多的生产商都转向了这种葡萄酒的生产，盛况空间。为了竞争，一些酒商的过度和快速生产，导致一些酒失去了原有的风味和香气。

眨眼工夫，葡萄酒世界背弃了富含橡木味的霞多丽。很多的制酒商开始改变木桶的处理。他们选用不同大小的桶相结合的方式，代替了每年用新的小橡木桶陈化葡萄酒。酿制过程中有新桶有旧桶，使酒和橡木有恰到好处的接触，同时还保持新鲜的果味。

雷司令和维欧尼可以酿制精美和酒体奇妙的葡萄酒，但蹩脚制作使它的口感过于甜腻，缺乏了葡萄酒应有的自然酸度。就像杰·麦克伦尼所说“当甜度超过了酸度，葡萄酒就像水果罐头底部的糖浆。”

北部海岸地区

纳帕谷主要以红葡萄酒著称，也有很多优秀的白葡萄酒。你会发现这里遍植长相思和霞多丽。一些最好的白葡萄来自加利洛，纳帕郡的南部。这是纳帕最凉爽的地区，霞多丽酿制出干爽的起泡酒。向西，索诺玛郡的白葡萄酒中心位于俄罗斯河谷产地，太平洋给这里带来习习的凉风和缭绕的雾气。不同于纳帕郡和索诺玛郡，门多西诺郡是北方比较凉爽的地区，这里的雷司令、琼瑶浆和长相思成熟比较缓慢，特别是在亚历山大谷产区。湖县是北部最不出名的地区，出产令人愉悦的长相思和霞多丽。

加利福尼亚的酒厂从1966年的231家上升到如今的1 600多家。

请当心那些标有“加利福尼亚葡萄酒”，而不带有任何产区或地理区域名称的酒品。加利福尼亚地域广博，这样的葡萄酒可能是用不同地方，不同品种的葡萄混合酿造而成。

中央海岸

旧金山南部海湾有一些具历史意义的酒庄，如阿拉米达的威迪酒庄、圣克鲁斯山区产地的芒特伊登、里奇和波力杜恩，这些酒厂形成了美国葡萄酒的风景线。海岸气候和崎岖的地形非常适合霞多丽和长相思的生长。

蒙特雷地区位于旧金山和圣塔芭芭拉之间，种植的葡萄品种众多。桑塔露琪亚高地产区的霞多丽和白品乐是上品。最远的内陆产地查龙，以著名的查龙酒庄命名。种植历史可以追溯到19世纪40年代，土壤混合着石灰岩和花岗岩，是霞多丽、白品乐和白诗南的理想产地。霞多丽酒一直被高度追捧，同样的还有黑品乐酿制的红酒。卡莱拉酒厂坐落于哈伦山产区，在该地区第一个种植维欧尼。

中心海岸最南部的地区因新的葡萄园和酿出的令人振奋的新酒而繁荣。在圣路易斯奥比斯波县有影响力的就是维欧尼和霞多丽。可以从这几个产地寻找到美酒：帕索洛布尔斯、约克山、埃德娜谷和大阿罗约。在南部圣塔芭芭拉，霞多丽、雷司令、白诗南、长相思和琼瑶浆种植在两个主要产地——圣塔玛利亚山谷和圣塔伊尼兹山谷。

俄勒冈州邓迪山地的葡萄园

俄勒冈

俄勒冈州的16个AVAs中，维拉米特谷是最多产的。更南边接近加利福尼亚州的边界是安普夸、罗格和阿普尔盖特山谷。因为靠近华盛顿，哥伦比亚谷和瓦拉瓦拉谷产区横跨两个州。霞多丽曾经很盛行，灰品乐很受俄勒冈州宠爱。它们在整个区域都有种植，酿出的酒有着柑橘风味和脆爽、使人耳目一新的酸度。同时俄勒冈还种植白品乐、长相思、雷司令、霞多丽和赛美蓉。

华盛顿

华盛顿地区种植的酿酒葡萄品种超过30种。主要的白葡萄品种是雷司令、霞多丽、灰品乐、长相思、琼瑶浆、维欧尼、赛美蓉和白诗南。雷司令曾经是华盛顿地区主要品种，但之后其他的葡萄成为主角，生产者重新筛选适合他们种植的品种。一半以上的产品是白酒，酒体轻盈至中等，适合在年轻时饮用。一些生产商专注于桶发酵的赛美蓉，可以陈化好几年时间。

皮吉特湾坐落于喀斯喀特山的东边，明显比其他地区湿润和凉爽。尽管这里几乎没有葡萄园，但受益于西雅图、塔科马和其他沿海城市的旅游业，有很多酒厂和品尝室坐落在此。哥伦比亚峰、莱昂内堤酒窖、七山、基奥纳、美洲狮、圣米歇尔酒庄等酒厂都出产华盛顿葡萄酒的典范。圣米歇尔酒庄是华盛顿最古老和规模最大的葡萄酒厂，建于1934年。

俄勒冈州是标签规则最严格的地区。

- 如果葡萄品种标示于标签，那么这种葡萄的含量至少达到 90%。长相思例外，含量可为 75%。
- 如果标签中标注有年份，则必须含有 95% 以上的该年份的葡萄。
- 如果标签中注明产地，必须 100% 采用此产地的葡萄。

很多国外的葡萄酒酿造精英都在华盛顿付出他们的时间和努力，为华盛顿的葡萄酒厂做技术顾问。例如：

- 阳光山谷酒庄——伦左·科塔瑞拉（意大利）
- 派达斯特——米歇尔·罗兰（法国）
- 圣米歇尔酒庄—— 厄恩斯特·罗森（德国）
- 斯奎尔 ——约翰·杜瓦尔（澳大利亚）

纽约

纽约的白葡萄品种包括：

- 酿酒葡萄：雷司令、霞多丽、白品乐、琼瑶浆
- 美洲葡萄：埃尔韦拉、诺亚、尼亚加拉、公爵
- 杂交品种：白谢瓦尔、白威代尔、白拉瓦特、维尼奥勒

作为美国东部的葡萄酒中心，纽约夏天的热度适宜葡萄生长，但冬季的寒冷足以毁坏葡萄树。因此，纽约的酿造师会种植多样化的葡萄品种，有雷司令、霞多丽，以及美国本土品种康克德，杂交品种白谢瓦尔。

几百年来，葡萄树一直是纽约风景中的一部分，近年其品质逐渐提升。康斯坦丁·弗兰克教授用实践证明冷凉的气候也能产出高品质的葡萄，并酿出能与欧洲最好的葡萄酒媲美的精美葡萄酒。在此之前，大多数葡萄酒由杂交品种和美洲品种制成，滑腻，果味浓重。其实这些葡萄也是能酿出好酒的，只是大部分葡萄酒爱好者对它不感兴趣。

20世纪50年代前期，弗兰克教授与传奇人物香槟酒大师查尔斯·富尼耶合作，终于将纽约的葡萄酒推向世界。他也建立了自己的葡萄酒庄，并以他自己的名字命名。他的成功鼓舞了其他人开始种植优质的葡萄品种，如今手指湖和伊利湖产区都生产出了最好的白葡萄酒，使用的品种主要是雷司令、霞多丽和琼瑶浆。

纽约手指湖区的葡萄园

其他州

每个州至少有一家酒厂，一些酒商自产葡萄，一些酒商则采购果汁或葡萄进行加工生产。

以下是一些重要的生产葡萄酒的州及其采用的主要白葡萄品种。

州	葡萄品种
康涅狄格州	白谢瓦尔、白威代尔、霞多丽、雷司令、卡尤加、奥罗拉
印第安纳州	霞多丽、白谢瓦尔、白威代尔、维尼奥勒、奥罗拉
马里兰州	白谢瓦尔、白威代尔、沙多内尔、雷司令
马萨诸塞州	白谢瓦尔、白威代尔、卡尤加、奥罗拉、霞多丽、雷司令
密歇根州	尼亚加拉、灰品乐、琼瑶浆、雷司令
新罕布什尔州	白谢瓦尔、霞多丽、雷司令、拉克罗斯、拉克雷森特
新泽西州	白谢瓦尔、白威代尔、霞多丽、雷司令
新墨西哥州	霞多丽、雷司令、长相思、灰品乐
俄亥俄州	尼亚加拉、霞多丽、雷司令、琼瑶浆、白谢瓦尔
宾夕法尼亚州	白谢瓦尔、卡尤加、白威代尔、霞多丽、灰品乐、雷司令
罗得岛州	白威代尔、白谢瓦尔、卡尤加、霞多丽、雷司令
得克萨斯州	霞多丽、白诗南、麝香、雷司令、长相思、赛美蓉、琼瑶浆、白威代尔
弗吉尼亚州	灰品乐、长相思、维欧尼、雷司令、白谢瓦尔、白威代尔

加拿大

加拿大只有少数地区有适宜葡萄生长的温度条件，其中大多数在南部沿着美国边境。有四个主要的葡萄酒生产区域：安大略湖、不列颠哥伦比亚省、魁北克和新斯科舍。加拿大大部分的葡萄酒产品来自南部的安大略湖四大法定产地（DVAs）：培雷岛、伊利湖北部海岸、尼亚加拉半岛和爱德华郡。适应加拿大冷凉气候的葡萄品种有霞多丽、雷司令、长相思和灰品乐，杂交的品种白谢瓦尔也有广泛种植，因为它们面对富有挑战性的寒冷冬季有很强的复原能力，另一个杂交品种白威代尔常常被用于生产加拿大著名的冰酒。

加拿大消费的葡萄酒量七倍于其产量。

阿根廷门多萨谷的葡萄园

海拔2千米，萨尔塔葡萄园是世界最高的葡萄园之一。

阿根廷

阿根廷高地势的葡萄园位于安第斯山的斜坡上，理想的条件制造出清新纯净有矿物味的白葡萄酒。凉爽的气温使葡萄成熟缓慢，孕育出了风味十足的果实。

主要的白葡萄品种托隆特斯在全国广泛种植，酿出的酒具有良好的酸度和结构。大多数最优质的葡萄酒产自阿根廷北部省份的萨尔塔。阿根廷的葡萄园平均海拔高度为823米。如此高海拔冷凉的夜晚保证了葡萄的天然酸度，酿出十分令人愉悦而价格平实的美酒。灰品乐、霞多丽、白诗南在全国都有种植。

智利

白葡萄在智利的凉爽地区生长得特别好，比如卡萨布兰卡。凉爽的山地空气产生的浓雾与温暖的海风交汇，帮助保护葡萄免受太阳的炙烤。霞多丽和青长相思（不同于我们常说的长相思，但风味类似）非常受欢迎。这里的长相思葡萄酒缺乏法国和新西兰长相思中性标志性的青草味和辛辣味，但它酸度饱满，有着新鲜果香，余味略咸。

再往南，气温通常比较低，白葡萄适合生长在迈波、拉佩尔及毛尔山谷。这些是智利最重要的地区，白葡萄和黑葡萄品种在葡萄园中间植。在这个曾经出产红葡萄酒的国家，智利目前从白葡萄品种特别是苏维浓和霞多丽中，进行了大幅度的改良选粹。最南部出产高品质酒的区域是比奥比奥，麝香葡萄在这里广泛种植。

2011年，智利农业部门提出三个专有名词进行酒品认定和推动葡萄酒业的发展。“Costa”为沿海附近生长的葡萄酿制的酒，“Andes”为山地附近生长的葡萄酿制的酒，“Entre Cordilleras”为在山地和沿海之间区域生长的葡萄酿制的酒。

巴西

巴西的葡萄树在16世纪首次由葡萄牙殖民者栽培，随着基督教传教士房屋被毁、搬离而枯萎。巴西葡萄酒的酿制始于19世纪后期，当时的意大利移民带来了他们对葡萄酒的热情。目前有超过1 100家葡萄酒厂遍布六大葡萄酒产地，大部分位于南部，远离赤道，与乌拉圭和巴拉圭接壤。主要的白葡萄品种有霞多丽、雷司令、赛美蓉和琼瑶浆。

智利卡萨布兰卡的有机葡萄园

澳大利亚

1788年，亚瑟·菲利普船长从巴西和非洲南部引进了第一批葡萄树。不久以后，19世纪早期商用葡萄酒生产在悉尼南部起步。首选的葡萄品种有灰品乐、华帝露和赛美蓉。第一次出口英国是在1822年，大约183瓶。近200年来，英国始终在购买澳大利亚的葡萄酒。近来，澳大利亚超过了法国在英国的葡萄酒出口。它也是出口美国的第二大葡萄酒国家，仅次于意大利。

澳大利亚南部山地葡萄园中的日出

澳大利亚白葡萄酒的典型霞多丽呈深金黄色，在新橡木桶中长时间陈化，风味丰富、滑润。大多数酒都是这种状态。澳大利亚葡萄酒专家认为，要取得长足进步，应该更关注葡萄品种和产地。

解读澳大利亚葡萄酒标签的便捷性使得该国成为出口大国。不同于欧洲古板的标签规则，澳大利亚的标签设置相当简单。GIs（指定地理位置）确定葡萄种植区的边界，但对葡萄品种和酿制技术都没有严格的限制。如果酒标上标注了葡萄品种，必须保证该品种的含量在85%以上。如果是多个品种混合酿制，必须按含量递减次序列出。如果标签中列出了产地，至少必须含有85%的本产地葡萄含量。如果标注了年份，必须保证至少含有95%的标注年份收获的葡萄。

澳大利亚很多葡萄酒产区既生产红葡萄酒也生产白葡萄酒。最好的白葡萄酒出自沿海地区凉爽、高海拔的葡萄园。澳大利亚西部的葡萄园位于大陆的西南角，距离南部最近的产地也有1 600千米。生产的量不多，但质量上乘。许多生产商都是小规模作坊，主要品种为霞多丽、长相思和美乐。虽然产量不足澳大利亚总产量的5%，但颇有特色。玛格丽特河这个最受欢迎的葡萄酒产地，酒品高贵而优雅。其他的产区包括大南区、潘伯顿、吉奥格拉非和天鹅谷。

澳大利亚南部产出该国最著名的酒。多数地区种植西拉、赤霞珠、长相思，酿制的酒浑厚、香气迂回。其中多数的葡萄园地势不高，整日沐浴着阳光。少数产区如阿德雷特山地和坎加鲁岛，凉爽的气候适合种植长相思、雷司令、霞多丽和赛美蓉。澳大利亚长相思的香气略逊于新西兰长相思，缺少奇异果和羊脂香气。澳大利亚酿酒商迈克尔·希尔·史密斯将它们描述为“瘦而不弱”。

塔斯马尼亚是东南部海岸的一个小岛。葡萄园基本位于岛的东边，因为西半边潮湿冰冷的天气不适合葡萄生长。这个地区是种植葡萄的南限，容易遭受霜冻和冰雹的伤害，同时凛冽的海风也会带来危险。遮盖设施是阻挡海风的必需品。适合凉爽气候的霞多丽、雷司令和黑品乐种植于此。

这里一直在致力生产高品质葡萄酒和优质起泡酒。塔斯马尼亚岛有超过100家生产商，但岛上的总产量还达不到大陆上某一家酒厂的产量，不过这里的葡萄酒事业刚刚开端，一些塔斯马尼亚的最好葡萄园正在耕作中。

澳大利亚有超过3 000家葡萄酒生产商，80%的葡萄酒产自五家由多方控股的公司（南方酒业、BRL哈迪、奥兰多·云咸、贝灵哲·贝莱斯、麦克圭根·西米恩）。

试试这些澳大利亚西部酒厂的产品：

- 莫思森林酒业
(Moss Wood Wines)
- 罗伯特·奥特利
(Robert Oatley)
- 仙乐都
(Xanadu)

造价2 500万美元的国家葡萄酒中心于2001年建于阿德雷德。每年吸引17万游客，提供品酒、培训服务，促进澳大利亚葡萄酒产业的蓬勃发展。

新西兰的葡萄酒生产富于革新。关于葡萄栽培和酿酒技术都经过大量的实验方法改进。葡萄种植者热衷于适合凉爽气候的灰品乐、霞多丽和雷司令，但也坚持种植新品种。一些自治的种植者和葡萄酒厂建立起一套葡萄生产守则（NZIWP）。组织成员提倡重视保护环境和耕作栽培的持续发展，使得优良的葡萄栽培得以长期进行。但并不是所有的关注都集中在种植方面。2002年，成立了由新西兰葡萄种植委员会和新西兰葡萄酒研究院联合的新西兰葡萄种植组织。旨在建立一个统一的平台，促进新西兰的葡萄酒业走向壮大和辉煌。

澳大利亚最早获得成功的葡萄酒是长相思，产自马尔伯勒产区。在此之前，极品长相思酒的产地是法国卢瓦尔河谷。马尔伯勒的酒非常醇厚、风味丰富，有着热带水果的香气，像猕猴桃、芒果，还有点墨西哥胡椒的味道。而法国长相思则更为清冽，酸度和紧实度都更强，更干爽，带有矿物味。目前，新西兰有一半以上的葡萄园种植长相思，总计超过17 000公顷。

新西兰

新西兰相对国际葡萄酒市场是后起之秀。从波利尼西亚岛的毛利人移居于此开始栽植葡萄，这里葡萄栽培的历史也有几百年了。现在生产商意识到了新西兰得天独厚的气候和土壤的潜力。从19世纪中期开始，传统的葡萄种植起步，所使用的葡萄主要是北美品种，种植简单，对病害的抵抗力强，并且产量高。在接下来的一百多年，葡萄种植业繁荣发展，但也喜忧参半，因为过于关注产量，仅有少量的果实能够酿制出优质餐酒；其他的被用来制作甜腻廉价的甜酒，甚至可以称之为“糖浆”。葡萄品种主要是丰产而可靠的穆勒图格。

作为世界新生的大陆，新西兰有年轻坚实的山区，郁郁葱葱的谷地，矿物丰富的土壤。土壤所提供的生机和朝气非常有利于一株年轻的葡萄树在幼苗期扎下坚实的根系。海洋对这里所有产区有深远影响。无论南部还是北部任何位置，到海岸的距离最多112千米。太平洋和塔斯曼海产生的云层提供了充足的降水，对干燥地区起了关键作用。

北岛

在北岛上，奥克兰是白葡萄酒的生产中心，特别是亨德森、库姆河和华派小区。每年降雨量127厘米，过多的降水量导致葡萄汁稀释，但酒厂已经掌握了种植覆盖作物减少盈余降水的技术。霞多丽、雷司令和长相思很受欢迎。吉斯伯恩在奥克兰东南部，这里的霞多丽、琼瑶浆、维欧尼和灰品乐可产出更好的白葡萄酒。

北岛南端的酿酒区是怀拉拉帕，宽约34千米。该地区进一步分为三个较小的区域：马斯特顿、格来斯顿和马丁堡。这里种植各种各样的葡萄，包括霞多丽、黑品乐、雷司令和琼瑶浆，但最主要的还是长相思。

南岛

马尔堡是新西兰最著名的产区。马尔堡葡萄酒的成功带动了全国葡萄种植的增长，土壤非常疏松，易于排水；夏季日照长，秋季凉爽干燥。这样的气候，有助于葡萄果实中糖的形成和酸的保留。

马尔堡的长相思是新西兰最值得骄傲的葡萄酒，正是它使得新西兰从一个新手国家转变为葡萄酒世界中的引领者。该款葡萄酒浓郁、刺激、富含香草味，迎合那些喜欢丰富口感的葡萄酒爱好者。传统鉴赏家更强调这款酒带有矿物味和酸味。也可以试试这里的霞多丽、琼瑶浆、灰品乐和雷司令酒。

紧挨着的是纳尔逊酒区，距马尔伯勒北部仅一步之遥。在纳尔逊，苹果产业开始衰弱，葡萄园取代果园，更多的酒厂开始建立。尽管区域狭小，但农民们毅力十足，酿出的美味白葡萄酒享誉世界。葡萄品种主要有雷司令、琼瑶浆、灰品乐和长相思。

新西兰中奥塔哥地区飞腾酒庄的葡萄园

南非

南非大部分葡萄园位于开普敦周围的南部海岸。如同许多新世界国家，实际上南非葡萄酒生产历史悠久，但大部分葡萄酒质量低下，在自己国家境内都缺少竞争力，更别说在世界范围内发声了。

白诗南被广泛种植，占所有葡萄园的五分之一。当地称之为斯蒂恩，酿出的酒丰满，富含水果味，酸含量低，类仿世界最好的卢瓦尔河谷白诗南酒。南非葡萄长势喜人且逐年更优，获取的利润用于投资葡萄园建设和配置更好的酿酒设备。世界上许多优秀的酿酒师来到南非，提供咨询和技术支持，帮助提升葡萄酒品质。其他白葡萄品种种植面积越来越多，甚至进入了种植白诗南的葡萄园中。如今产出的酒品有简单而美味的霞多丽、长相思、鸽笼白、雷司令和维欧尼。

南非在葡萄酒生产方面仍处于摸索研究阶段，但气候、土壤和人们对葡萄酒的热情都恰到好处，未来南非葡萄酒前景一片光明。在这里可以找到可靠、易饮、价格合适的葡萄酒。正如葡萄酒作家奥兹・克拉克所说：“合理的自信代替了自满。”

七款价格合适的南非白葡萄酒：

① 泰斯伦博斯葡萄园（Stellenbosch vineyards），“圣贤”长相思酒

② 特拉福酒庄（De Trafford），白诗南酒

③ 沃悦客酒庄（Warwick Estate），“布莱克教授”长相思酒

④ 鸠斯顿伯格酒业（Joostenberg Wines），“家庭混合型”，白诗南／维欧尼酒

⑤ 六顶帽酒庄（Six Hats），长相思酒

⑥ A.A 拜登豪斯特（A.A Badenhorst），“修枝剪”白诗南酒

⑦ 弗朗斯胡克酒窖（Franschhoek Cellars），霞多丽酒

南非第一款葡萄酒酿成于1659年2月2日。该国一位最有影响力的历史人物，荷兰移民扬·范·里贝克，在其日记中记录了用海湾品种葡萄压榨制酒的经历。

2005年，南非葡萄酒出口从1994年的600万箱，增加到3 200万箱。

南非蒙塔古地区的葡萄园

旧世界红葡萄酒

法国

波尔多

波尔多葡萄酒有时按照“左岸”或“右岸”进行描述，是指纪龙德与多尔多涅河的两岸。左岸葡萄酒通常是用赤霞珠酿造而成；右岸葡萄酒则采用美乐和品丽珠。还少量使用其他葡萄品种如小味而多、马贝克和佳美娜。

波尔多是世界最负盛名的葡萄酒区。每年超过13 000名种植者生产8.5亿瓶葡萄酒。

波尔多红酒是全世界红葡萄酒的标杆。波尔多酒主要以赤霞珠和美乐酿制，在几百年前就已成为最重要的酒品，其时荷兰人修建防洪堤码头，使得现在叫梅多克的区域土地干涸。在此之前，葡萄种植在河流更上游的格拉夫地区，因为这里的葡萄酒可以通过河流很便捷地运输到欧洲其他地区。1152—1453年，英国统治波尔多。随着英国对世界各地带来的影响，也使得波尔多葡萄酒远销世界各国。

葡萄酒世界的产区、规则和分类林林总总，但没有一个比1855年波尔多分类法更重要的。因为要

波尔多圣爱斯泰夫飞龙世家酒庄外观

举办世界博览会，拿破仑三世要求给波尔多葡萄酒定级，帮助消费者选择。来自梅多克的60个酒庄和1个来自格拉夫的酒庄依据他们当时的酒品价格进行分级。该分级系统共分五级，从最受推崇、最昂贵的第一级，到最便宜的第五级。从那时起，这61个生产商被高度认可，并为之后的酒庄树立了标准。这并不是说，今天这些酒庄的出品仍然是波尔多最好的葡萄酒，但他们一直为大家所津津乐道。

波尔多左岸大多种植赤霞珠，葡萄生长在砾石土中。圣爱斯泰夫、波亚克、圣于连、利斯特拉克、慕里斯和玛歌是主要产区，酿制出世界上许多最好的著名红葡萄酒。

右岸大多种植美乐和品丽珠。土壤由石灰岩和黏土组合，葡萄在这种湿润凉爽的土壤中长势更好。两个最重要产区是圣埃米利永和波美侯，这里一些规模小的生产商已经在市场立稳脚跟，他们的超熟酒和珍藏酒颇受追捧。

波尔多红酒通常用不同的葡萄混合酿制，最终的成品品质根据每年的葡萄生长状况有所改变。葡萄分别采摘并发酵，之后再混合。通常在小型新橡木桶中陈化，使葡萄酒带有强劲的单宁和陈化能力。有许多不同风格的年轻波尔多酒，但都有着黑醋栗果、苦樱桃风味和石墨芳香。

波尔多圣爱斯泰夫飞龙世家酒庄的酒桶房

有人说波尔多酒适合知性的人，随着岁月的熏陶，愈发复杂优雅。而勃艮第酒则适合情人、狂人和诗人，感性超过理性。

尽管身价不高，博若莱新酒还是吸引了一批追捧者。新酒是采用最近收获的葡萄酿制的，通常在11月的第三个礼拜四发布。佳美本身的果香和适口感在酒中有所体现，但一些廉价、简单的出品使得博若莱红葡萄酒难以成为高端酒品。

寻求最好的博若莱酒，可以试试来自该产区北部的十个酒庄的出品。

① 圣阿穆尔（St-Amour）
② 朱莉纳斯（Juliénas）
③ 风车磨坊（Moulin-a-Vent）
④ 谢纳（Chénas）
⑤ 弗勒里（Fleurie）
⑥ 希鲁布勒（Chiroubles）
⑦ 摩根（Morgon）
⑧ 雷尼（Régnié）
⑨ 布鲁伊（Brouilly）
⑩ 布鲁伊丘（Gôte de Brouilly）

勃艮第

在法国勃艮第，主要使用黑品乐酿制红葡萄酒。这里的黑品乐酒是世界黑品乐酒的典范。年轻时显得活力十足、新鲜而柔和，陈年后，则展现出烟熏、牛肉和薰衣草的风味。一些勃艮第红葡萄酒是世界上最昂贵抢手的酒，拍卖价格疯狂。佳美葡萄在勃艮第排名第二，生长在勃艮第南部，酿出的酒通常会在标签上注明“博若莱”（Beaujolais）。

法国勃艮第克洛斯–沃格酒庄的葡萄园。该酒庄建于16世纪，源于当时附近的一座修道院的修士创建的葡萄园

勃艮第北部产区遍植葡萄，特别是科多尔北半部，称作尼依酒区。村庄随着谷地地形的变化交织分布，风从北向南吹过。主要的村庄有马沙内、菲克桑、热夫雷尚贝坦、莫雷-圣丹尼、尚博勒-穆西尼、武若、孚讷-罗马内和尼依-圣-乔治。在这些著名的村庄里，有更多优秀的葡萄园。几乎所有葡萄园都由一个以上的种植者所有。这种所有权的分割使得勃艮第酒行家可以在同一个葡萄园品尝到不同的酒。每一款酒由不同的酒厂酿造，采用不同时间采摘的不同葡萄品种，并根据各自的理念采用不同的酿制工艺。

与勃艮第白葡萄酒相似，特定葡萄园要比其他葡萄园更被看好。特级葡萄园是档次最高的。24个特级葡萄园地位神圣，土质很好，阳光充足，因此，这里的酒品价格最高。一级葡萄园从字面上看似比特级葡萄园略逊一些，但出产的酒品与特级葡萄园一样价格高昂。

因黑品乐皮薄，其酿造的葡萄酒颜色清淡，使用橡木桶陈化的酒和不使用橡木桶的明显不同。总体来看，最好的勃艮第红葡萄酒在橡木桶中陈化一段时间，会增加酒的厚度、风味和特色。

勃艮第再向南,在博若莱酿造佳美葡萄酒。这里的大多数葡萄酒通常被描写为廉价简单，但也有一些出色的产品。

法国勃艮第南部博若莱地区的葡萄园

一千多年前，品丽珠最先在布尔格伊修道院种植，如今，这里仍然种植葡萄。

以下是来自罗讷河谷酿造不同风格红葡萄酒的生产商：一些柔和、平易近人；另一些则值得珍藏，需要一些时间成熟。

- 吉佳乐（Guigal）
- 勒内罗塞腾（René Rostaing）
- 路易沙夫（Jean-Louis Chave）
- 德拉斯（Delas）
- 莎普蒂尔（M.Chapoutier）
- 嘉伯乐（Jaboulet）

卢瓦尔河谷

卢瓦尔河谷主产黑葡萄品种是品丽珠。它被认为是最难种植的葡萄品种之一，在葡萄园里的表现变化无常，需要悠长、凉爽、少雨的生长季。卢瓦尔河谷是少有的符合该条件的地方之一，酿酒师用足够的耐心和毅力来驯服葡萄树。品丽珠在本地称为布莱顿，最好产区在希农、布尔格伊和索谬尔-尚皮尼。葡萄生长在石灰华土壤——紧密压缩的白石粉中，酿成的葡萄酒异常紧实，带有强劲的香草和红果芳香。在河流附近砾石与砂石里生长的葡萄，制作的葡萄酒轻盈芳香。喜欢富含泥土味、令人愉悦的法国品丽珠的爱好者，请不要错过希农。

桑赛尔生产的优质红酒由黑品乐酿制而成。通常，酒体轻盈适中，带有覆盆子芳香和淡淡胡椒味，价格比更东边的勃艮第同品质酒更便宜。

卢瓦尔河谷其他红葡萄酒用佳美、科特（马贝克）和果若葡萄酿制而成。

罗讷河谷

西拉和歌海娜是法国东部的罗讷河谷两个主要黑葡萄品种。世界种植西拉或歌海娜的生产商都在关注该地的红葡萄酒。这里的西拉和歌海娜酒有着无与伦比的力度、厚度和吸引力。

隆河谷由两部分组成。北半部（Rhône Septentrionale）,地带狭长，葡萄园环绕河流，从北向南绵延。南半部（Rhône Méridionale），地势平坦，葡萄园分散。这两个区域的气候、文化和葡萄栽培方式都很独特。

北半部，西拉占统治地位。埃米塔日、克罗兹-埃米塔日、科纳斯、罗第和圣约瑟夫产区，出产最好的西拉酒。在许多产区，允许加入些白葡萄酒制成混合酒，以抵消西拉苦涩的单宁味。有些人采用这种做法，有些人则不。这些产区的西拉葡萄酒强劲有力、引人入胜、浓厚、紧实而略带烟熏味。

法国卢瓦尔河谷岸边的希农山庄

帕普（教皇）新堡的13个葡萄品种：

① 歌海娜
② 慕合怀特
③ 西拉
④ 神索
⑤ 古诺日
⑥ 皮克葡
⑦ 黑铁烈
⑧ 布尔朗克
⑨ 克莱雷特
⑩ 胡姗
⑪ 瓦卡黑斯
⑫ 庇卡棠
⑬ 蜜思卡丹

1309年，教皇克莱门特五世将宫廷从罗马迁移到阿维尼翁，从而基督帝国中心移至罗讷河南部。其继任者，教皇约翰十二世在夏宫帕普（教皇）新堡周围种植葡萄。尽管在1378年，罗马天主教皇离开了这里，直到1791年帕普（教皇）新堡仍然属于教皇的财产。为纪念这段历史，一些来自该产区的葡萄酒瓶上会印有教皇纹饰。

罗讷河谷南半部的葡萄酒是用混合葡萄酿制而成。歌海娜和西拉是主要品种，少量用一些慕合怀特、神索和佳利酿。无论是否使用混合葡萄，吉恭达斯、瓦给拉斯、拉斯多、利哈克和帕普（教皇）新堡的红葡萄酒，通常更成熟丰满，比北部地区的葡萄酒酒精含量高。

帕普（教皇）新堡是南半部最有名的产区，与其他产区相比区域很小，但它有两个独特的特性。首先，土壤是由圆而光滑的小石组成，类似按摩用的石头，可以保存太阳能量，能在太阳落山后的傍晚为葡萄树保温；还可以反射太阳光，照射到葡萄树的叶子和果实。其次，该产区采用13种葡萄酿造葡萄酒。生产商博卡斯特尔酒庄等使用所有13种葡萄酿酒，而其生产商则会选择其中一种（通常是歌海娜）。

再向南，在朗格多克–鲁西荣和普罗旺斯，歌海娜、西拉和神索是最受喜爱的葡萄品种。尽管少为人知，该地区的葡萄酒可以与罗讷河谷更北部地区的酒相媲美。

巴罗洛的坡地葡萄园与这里出产的葡萄酒一样独特

意大利

托斯卡纳和皮埃蒙特的红酒是意大利最受欢迎且价格昂贵的红葡萄酒。意大利的20个产区都能生产出优质红葡萄酒。本地葡萄品种有几百个，酒品更是无数。无论葡萄生长在北部的山峰、中部风景迷人的山地和谷地，还是南部休眠火山的斜坡上，酿出的意大利红酒都分外迷人。

东北

皮埃蒙特是意大利葡萄酒主要产区。巴罗洛和巴巴拉斯高葡萄酒，完全由类似于黑品乐的本地葡萄品种内比奥罗酿制而成。这两种都是薄皮葡萄，但充满单宁和酸。内比奥罗酒用木桶陈化几年，可弱化粗糙的单宁。幼年期的内比奥罗酒颜色轻盈，带有蔓越橘、香草和蘑菇的浓郁香气。随着时间的推移，葡萄酒富含松露、皮革、焦油和森林植物的复杂芳香。作为酿酒师，达尼洛·德罗克说得很对:“巴罗洛逐步逐步、而不是猛然间地展现自己的独特魅力。”

巴罗洛酒可以陈化几十年。在沉睡多年后，葡萄酒依然强劲。评论家指出，陈年巴罗洛葡萄酒“外柔内刚”。巴贝拉、多切朵、格丽尼奥里诺和弗伦西亚等黑葡萄酿制成的酒适合在年轻时饮用。

瓦莱达奥斯塔出产的内比奥罗、黑品乐、富美和小胭脂红红葡萄酒很知名。因其葡萄园海拔高，大多数葡萄酒颜色轻盈，含有柔和的花香。

利古里亚生产的红葡萄酒不多，但也有些美味的多姿桃和歌海娜酒。

伦巴蒂是皮埃蒙特以外出产最好的内比奥罗酒的地区。所有来自瓦尔泰利纳产区的葡萄酒几乎都是由内比奥罗酿制而成。不像皮埃蒙特内比奥罗酒那样富含强烈的蘑菇味，这里的酒展现出更多燧石、白垩和矿物味，因为葡萄生长在与瑞士接壤的石灰石和冰川土土地中。

意大利Giacomo Borgogno e Figli酒窖中，正在陈年的巴罗洛酒堆成了一堵墙。该酒窖中有将近50万瓶巴罗洛陈年葡萄酒

威尼托马西酒庄的酒桶

马西酒庄酒窖中正在陈化的阿玛朗尼葡萄酒

西北

意大利最北部的葡萄园在特伦托-上阿迪杰。勒格瑞是该地区最重要的本地葡萄，酿出的酒色泽浓重，带有强烈的荆棘果香。这里也种植解百纳、美乐和黑品乐，用于酿制葡萄酒。

威尼托出产意大利最受欢迎的葡萄酒，阿玛瑞恩·瓦尔波利切拉，主要由科维纳干葡萄酿制而成。因葡萄萎缩，水分蒸发，糖分浓缩，成品酒酒精含量高，回味有单宁味和苦味，有着李子、太妃糖、巧克力和香料的芳香以及丝滑的水果味。有些适合年轻时享用，有些葡萄酒则适合陈年。搭配丰盛的肉类和紧致的奶酪，将是绝佳享受。该地区的其他葡萄酒被简单称为“瓦尔波利切拉”，用相同葡萄酿制而成，但去除了干燥过程。这些葡萄酒通常颜色轻盈均匀，柔和清香。

再向东是弗留利，除了用国际品种赤霞珠、美乐和品丽珠酿制葡萄酒之外，还使用本地葡萄莱弗斯科、皮诺罗和司其派蒂诺。

中部

也许意大利再没有任何地区像托斯卡纳一样迷人神奇。托斯卡纳和意大利中央地区的主要葡萄品种是桑娇维赛，该区域内许多产区的主栽品种，包括蒙达奇诺·布鲁奈罗、基安蒂、莫瑞里诺、蒙特普尔恰诺和卡尔米尼亚诺。大多数葡萄酒色彩轻盈，带有樱桃和红果的香气及皮革和黑醋味道。在蒙达奇诺，葡萄种植的标杆就是布鲁奈罗，人们普遍认为，最好的桑娇维赛葡萄酒就来自托斯卡纳南部这个寂静的山顶小镇。陈化几年之后，布鲁奈罗酒最好与经典托斯卡纳菜肴——西西里辣牛肉酱意大利面（Pappardelle al Cinghiale）搭配享用。

托斯卡纳南部蒙达奇诺山顶小镇

桑娇维赛也在该地区用于酿造许多混合酒。因为没有严格的规则限定，桑娇维赛常用来与其他葡萄，如赤霞珠、美乐和西拉酿制出混合酒。

翁布里亚最好的红葡萄酒是用本地葡萄圣格兰蒂诺酿制而成。葡萄果实中充满色素和多酚，使酿出的葡萄酒强劲、坚实、富含单宁。也有生产商生产桑娇维赛与圣格兰蒂诺混合酿制的酒，称作蒙特法克干红，平易近人，价格适中。

在意大利中部的东海岸马尔凯，桑娇维赛与蒙特普尔恰诺混合酿酒。贡雷诺葡萄酒就是由两种葡萄混合酿成的，它将桑娇维塞的泥土味和酸度与蒙特普尔恰诺的丰满果香和浓郁色泽完美地结合在一起。

阿布鲁佐蒙特普尔恰诺是意大利最受欢迎的红葡萄酒之一，阿布鲁佐内的任何地区都有生产，因而风格各异。大多数酒酒体中等至丰满，带有黑莓和黑樱桃的柔和香气。一些生产商，如艾米迪佩，致力于展现这种葡萄的独特魅力，酿制出可以陈年的美酒，带有浓郁的烟草、香料和黑橄榄风味。

收获时节蒙塔奇诺的桑娇维赛葡萄

秋季百隆堡酒庄的圣格兰蒂诺葡萄景象

南部

坎帕尼亚是酿制阿格里亚尼科葡萄酒最好的地方。整个意大利南部都种植这种葡萄，尤其在图拉斯产区长势最好。葡萄酒颜色清淡至中等，在有些年份可与最好的巴罗洛葡萄酒媲美。因土壤是火山岩，这里的酒有着烟熏焦香味。

普利亚大区地势平坦，炎热的气候适合黑皮葡萄普里米蒂沃和耐格玛罗生长。普里米蒂沃与增芳德类似，葡萄酒肥美、丰满。萨利斯萨兰蒂诺是普利亚最好的产区。红葡萄酒主要用耐格玛罗酿制，添加少量另一种本地葡萄黑玛尔维萨酿成，富含果香，且顺滑柔和。

卡拉布里亚在大陆最南部。其最好的产区是位于东海岸的西罗。葡萄酒用本地葡萄加利尤波酿制而成，酒体轻盈，带有清新宜人的樱桃果香。

群岛

西西里岛葡萄酒在全意大利产量最高，这里的酒厂向其他国家生产商出售大量木桶装葡萄酒用于生产混合酒。这种酒大部分用黑珍珠葡萄酿成。就像阿布鲁佐的蒙特普尔恰诺，黑珍珠在整个西西里岛都有种植。酿造的葡萄酒风格从清淡、干型、简单到浓重、丰富和强劲，取决于葡萄酒在哪里生产、如何陈化。赤霞珠、美乐和西拉在西西里岛炎热干燥的气候中也生长良好。马斯卡斯奈莱洛和卡普斯奥奈莱洛都是本地葡萄品种，生长在东部埃特纳火山的山坡，酿出的酒酒体轻盈至中等，带有泥土和烟熏味。西西里岛东南，黑珍珠与弗莱帕托混合酿出维多利亚瑟拉索罗，适合配餐，平易近人。

意大利的另一座大型岛屿撒丁岛，盛产各种葡萄酒。莫尼卡、波瓦雷·萨尔多、佳丽酿和卡诺娜（歌海娜）是最受欢迎的葡萄品种。许多葡萄园管理者在葡萄园边种植其他农作物和香草，葡萄酒通常含有植物和香草的香气。

在拉佛雷斯特利亚的海边葡萄园，属于西西里岛朴奈达家族酒庄

西班牙

西班牙最重要的黑皮葡萄添普兰尼诺，在西班牙诸多知名产区中是主栽品种。在里奥哈，这种葡萄与马士罗（佳丽酿）、嘉西诺、歌海娜混合酿酒，有时还加入其他品种如赤霞珠和莫纳斯特雷尔。

理论上讲添普兰尼诺与黑品乐有亲缘关系。虽然这两种葡萄酿出的酒都精巧优雅，添普兰尼诺自然酸度低，能很好地与其他葡萄混合制酒，而黑品乐则适合酿制单一品种酒。

里奥哈是西班牙顶级红葡萄酒产区，有三个子产区：里奥哈-阿拉维萨、下里奥哈、上里奥哈。有些生产商将三个产区的葡萄混合，酿出圆润的混合酒；而其他生产商喜欢采用来自同一个地区的葡萄。

卡斯蒂利亚和雷昂是该国中北部最大的区域。该区内最主要的红酒地区是杜罗河岸产区。添普兰尼诺在这里酿制单一品种酒，也与赤霞珠、美乐、马贝克和歌海娜混合酿酒。其他采用添普兰尼诺的产区还有托罗和希加雷斯。另一个本地葡萄品种门西亚在比埃尔索有种植。

更东部的泰伦那，歌海娜和加利涅那是普里奥拉托产区酿制知名红葡萄酒的主要葡萄品种。这里的酒酒体宽广、单宁丰富、坚实有力，享用之前，通常需要陈化多年。“Llicorella”，这里的著名葡萄种植土壤，混合有黑色板岩和石英，葡萄根部需要扎入很深以获得水源。

西班牙南部，莫纳斯特雷尔葡萄种植在该国最热、最干燥且海拔最高的地方。酿出的酒紧实有力、浓烈、单宁混合着丰富的水果味。在这里生长良好的葡萄还有赤霞珠和西拉。

左图：西班牙南部富含石灰岩的土壤中栽植的白葡萄，正值收获

添普兰尼诺在整个国家有不同的名字。

- 托罗：Tinta del Toro
- 泰伦那：Ull de Llebre
- 卡斯蒂利亚拉曼查：Cencibel
- 卡斯蒂利亚和雷昂：Tinto Fino，或 Tina del País

西班牙是使用美国橡木桶陈化葡萄酒的欧洲国家之一，成品会有椰子、莳萝和羊毛脂的芳香。而法国橡木桶则会给酒带来强烈的香草和奶油香气。

欧盟一半的葡萄园在西班牙，近 1 214 056 公顷。但这并不意味着西班牙出产欧盟一半的葡萄酒。事实上，西班牙产量远低于欧洲其他国家。为什么？因为不是所有的葡萄都用于酿酒；葡萄种植不密集；且不是所有葡萄产量达到其他国家水平。

葡萄牙

马德拉酒和波特酒是葡萄牙葡萄酒产业的基础。本地葡萄品种超过200个，生产商试图用它们生产出满足全球葡萄酒爱好者的美酒。本土多端加，也叫碧卡或黑莫尔塔古，是酿制波特酒的珍贵品种。除了酿制加强酒，还可酿出色浓、酒体丰满、充满果香的红酒。阿弗莱格、特林加岱拉（红阿玛瑞拉）、巴加（该国种植最广泛的黑葡萄品种）和亚拉贡利也在这里广泛种植，颇有前景。

在葡萄牙中北部的杜奥产区，温暖的夏季和砂石、砾石土壤，使这里成为地方政府第一个认定的葡萄种植区。条例规定，所有葡萄酒中必须至少有20%由本土多瑞加酿制。其他葡萄品种包括巴士塔多、红品贺拉和罗丽红（添普兰尼诺）。一些消费者认为，杜奥酒的巅峰时期已过，该国的生产商需要开辟新的领域；而支持者则认为好东西还在后面。北部杜罗河流域是港口区，这里的干红葡萄酒有巨大发展，提升了整个国家形象。

德国

在德国，大多数红葡萄酒用黑品乐制成，当地称为斯贝博贡德。其他葡萄品种有蓝波特基斯、脱罗林格和丹菲特。西北部的阿恩小区域致力于生产红葡萄酒，这里几乎90%的葡萄园都种植黑葡萄品种，酿出的酒色泽淡红或淡石榴红，柔和宜人。用橡木桶陈化后，葡萄酒色加深，更为强劲有力。

葡萄牙杜罗河谷的梯田葡萄园

奥地利

许多奥地利红葡萄酒由本地葡萄酿制而成，它们是茨威格特、蓝佛朗克、圣劳伦特、蓝波特基斯和蓝布尔格尔。同时也种植国际品种，如黑品乐。最好的红葡萄酒来自最东部的布尔根兰州。这里与匈牙利交界，夏季是该国气温最高的地区。在该地区生长的许多黑皮葡萄单宁和色素的含量低，酿出的酒轻盈、酣畅、气味芳香。通常采用橡木桶陈化，即使很短的时间，也可以增强葡萄酒的色彩和酒体。

莱茵河流域是罗马帝国的北部边界，那里的基督教传教士向德国传播葡萄种植和酿酒知识。

奥地利维也纳是唯一一座被政府认可在其城市境内设立葡萄酒区的欧洲国家首都。

保加利亚

保加利亚葡萄酒生产历史曲折，在一些主产区，因政治纠纷和欧洲经济危机，使得一些葡萄园被迫弃种或经营不善。这里的葡萄园与意大利中部、法国南部和西班牙北部的葡萄园纬度相同，气候理想，适合葡萄生长。赤霞珠和美乐被广泛种植，但马露德和加穆萨这样的本地葡萄可使保加利亚在葡萄酒生产方面取得长足发展。

罗马尼亚

欧洲葡萄酒第五大产区罗马尼亚，有8个葡萄酒地区和超过35个小分区。黑海帮助减少昼夜温差。黑品乐被认为是罗马尼亚的名片，美乐和赤霞珠也可以生长，制成沁人心脾的水果味红葡萄酒。

新世界红葡萄酒

美国

加利福尼亚

加利福尼亚乡村广大地区是连绵起伏的丘陵和山谷，众多山脉平行于海岸线。这些山脊形成笼罩的雾，帮助葡萄度过漫长而炎热的夏天；同时也阻挡了太平洋风雨带来的危害。内陆河流和湖泊区域，如纳帕河、卡内罗斯河和亨尼西湖全年温度也很适中。

加利福尼亚红葡萄酒最开始由赤霞珠酿制。葡萄酒酒体中等至丰满，带有成熟黑莓和黑色多刺水果的浓郁芳香。最常见的葡萄酒随和丰满，因为陈化于法国橡木桶中而带有明显香草味。顶尖级珍藏解百纳酒在年轻时单宁较多，随着陈年，逐渐呈现无花果、干果、草药和蘑菇的浓郁芳香。

北部海岸

纳帕县包含纳帕谷——美国最著名的葡萄酒区内的所有葡萄园。虽然区域很小，大约长48千米，最宽的地方也只有8千米，数百家小生产者出产不同的酒品。许多葡萄园位于坐落在梅亚卡玛斯山脉和海岸线之间的谷底或山脚。赤霞珠最为知名，增芳德、美乐、西拉和小西拉也酿出优质葡萄酒。

纳帕谷阿特拉斯峰安蒂卡酒厂的汤森德葡萄园

纳帕谷内的主要AVAs在谷地和山坡间划分出。

谷底AVAs	山坡AVAs
卡利斯托加	梅亚卡玛斯山
圣海伦娜	钻石山
拉瑟福德	春山
奥克维尔	韦德山
扬特维尔	豪厄尔山
鹿跃	阿特拉斯峰
橡木丘	智利山谷区
洛斯卡内罗斯	
野马谷	

拉瑟福德、奥克维尔和扬特维尔被认为是最适合赤霞珠生长的区域。有许多美国最值得骄傲的酒就是这里出产的。

纳帕县西北的索诺玛县也有许多小的AVAs。圣巴勃罗湾使得南部地区气候凉爽，适合种植黑品乐。再向北，气候温暖，种植着赤霞珠和增芳德。索诺玛海岸是索诺玛县最大的产区，在西部从北向南延展。该产区内更小的区域包括白垩山、绿山谷、卡内罗斯、索诺玛山谷和俄罗斯河谷，每个小区域都有各自“微气候”。可以尝试来自索诺玛-卡特雷、花香、哈特福德和吉斯特勒酒庄的葡萄酒。

来自门多西诺与莱克郡的葡萄酒不如索诺玛和纳帕的酒那样有名，但也很美味且令人兴奋。比较受欢迎的是赤霞珠、小西拉、美乐和增芳德酒，试试这些产区的酒：门多西诺的安德森山谷、门多西诺山脊和红木谷；莱克郡的克利尔莱克、本莫尔和格诺克山谷。

自 1961 年起，赤霞珠的种植从 242 公顷增加到超过 36 421 公顷。

梅里蒂奇酒是模仿波尔多葡萄酒，用两种或两种以上不同的葡萄酿制的混合酒。酿制红酒的葡萄有赤霞珠、美乐、品丽珠、马贝克和小味而多；酿制白酒的葡萄有长相思、赛美蓉和蜜思卡岱。产量限制为每年 25 000 箱。梅里蒂奇酒的标签上写着“酒厂酿出的最好葡萄酒”。许多葡萄酒酒单标明“梅里蒂奇酒 (Meritage)”或“混合葡萄酒 (Blended Wine)”，分别表示源自法国的葡萄酒和源自美国的葡萄酒。

索诺玛县主要种植地区如下：

- 干溪谷
- 亚历山大谷
- 武士谷
- 俄罗斯河谷
- 白垩山
- 绿山谷
- 洛斯卡内罗斯

中央海岸的顶级 AVAs

- 圣伊内斯山谷（圣塔芭芭拉）
- 圣塔玛丽亚谷（圣塔芭芭拉）
- 圣塔丽塔山（圣塔芭芭拉）
- 帕索罗布尔斯（圣路易斯奥比斯波）
- 埃德娜谷（圣路易斯奥比斯波）
- 阿罗约大峡谷（圣路易斯奥比斯波）
- 查龙（蒙特雷）
- 蒙特雷（蒙特雷）
- 哈伦山（蒙特雷）
- 阿罗约塞科（蒙特雷）
- 卡梅尔（蒙特雷）
- 圣克鲁斯山脉（圣塔克拉拉）

中央海岸

旧金山的南部，圣克鲁斯崎岖的山地使得葡萄园呈小块状分布，想要在这里产出优质葡萄酒需要直觉和毅力。一些加州最好的生产商在这里开辟葡萄园，比如卡勒拉、查龙、罗森布拉姆和杰克。山脊庄园红葡萄酒的陈化潜力，使那些说加州酒不能长期保存的评论家哑口无言。无论是赤霞珠还是增芳德，山脊庄园的酒都值得一试。

再向南，增芳德已成为帕索罗布尔斯的主导品种。酿出的酒强劲，具有黑莓和香料的浓郁香味，酒精含量高。种植的其他品种有小西拉、西拉和赤霞珠。黑品乐在圣塔芭芭拉备受青睐，凉爽的气候使得葡萄生长缓慢。圣塔玛丽亚谷比恩-纳西多葡萄园、圣伊内斯谷桑福德和本尼迪克葡萄园出产的黑品乐酒被认为是美国的顶级佳酿。

葡萄园中的每一小块由不同的农民所有，因此常常可以见到不同生产商的葡萄酒标签上写着同一个葡萄园的名字。品尝一下这些酒吧，尤其是那些来自同一年份的，这是品尝最好的加州黑品乐酒的方法，从而决定自己的所好。有些酒轻盈芳香；而另一些则因为延长了橡木桶陈化的时间而显得更为强劲。

由于加州葡萄酒业成功崛起，欧洲许多酿酒师冒险来此拓展业务。

以下是一些由欧洲业主所拥有的加州知名酒庄：

作品一号（Opus One）——位于纳帕谷内奥克维尔。该酒厂是蒙达维家族和波尔多望族菲利普-罗斯柴尔德男爵合资的一家企业。首个酿酒年份：1979年。

多明纳斯酒庄（Dominus Estate）——位于纳帕谷内扬特维尔。由法国波尔多柏翠庄园的业主克里斯蒂安-莫艾克斯共同创立。首个酿酒年份：1984年。

勒德雷尔酒庄(Roederer Estate)——位于门多西诺内安德森谷。由勒德雷尔香槟庄创立。首个酿酒年份：1994年。

卡内罗斯酒庄(Domaine Carneros)——位于纳帕谷内洛斯卡内罗斯。该酒厂是泰亭哲香槟庄及其市场销售伙伴科布兰德合资企业。首个酿酒年份：1989年。

安缇卡(Antica)——位于纳帕谷内阿特拉斯峰。由托斯卡纳安蒂诺里酿酒家族的创始人皮耶罗·安蒂诺里侯爵建立。首个酿酒年份：2004年。

纳帕谷奥克维尔的作品一号酒庄

俄勒冈

除了圣塔芭芭拉和索诺玛小块地区之外，俄勒冈是美国种植黑品乐的主要区域。其他葡萄品种有西拉、赤霞珠、美乐和适合在凉爽地区生长的法国杂交品种马雷夏尔福煦。

俄勒冈拥有超过450家酒厂，超过8 093公顷葡萄园，大部分种植黑品乐。

俄勒冈酿酒业始于19世纪50年代，主要采用本地葡萄品种康科德。19世纪60年代，当生产商开始重视土壤与环境问题时，一切开始好转。1961年李察·索默在安普瓜山谷创建的希尔克莱斯特，是带来重大影响的第一个酒厂。虽然有1976年“巴黎评判”的结果带来影响，1979年国际品酒节，俄勒冈仍然表现良好。盲品来自世界各地600多种不同勃艮第风格黑品乐葡萄酒，来自俄勒冈的戴维莱特1975年艾瑞葡萄园黑品乐葡萄酒荣膺第二。从这时开始，俄勒冈被视为一个可以种植黑品乐的地方。像在加州一样，许多成功的欧洲酿酒师已经在俄勒冈开店。

俄勒冈和法国勃艮第有许多共同的地理环境。最重要的是，它们都位于北纬45度，坐落于山脊之间，凉爽气候使得葡萄生长缓慢。酿出的酒颜色清淡，有着黑品乐标志性的玫瑰、蘑菇和成熟红色浆果香气。

一大部分俄勒冈红葡萄酒来自威拉米特河谷，从北部的波特兰到南部的尤金，这一大片土地绵延约80公里，东部是喀斯喀特山脉，西部为海岸。最好的葡萄园得益于附近的威拉米特河。类似加州顶级区域，这里昼夜温差大，促进高质量葡萄的产出，从而可酿出高品质酒。

右图：春天来临之前葡萄树修剪下的残枝

BH
Bethel Heights
VINEYARD
2009
PINOT NOIR
Willamette Valley

华盛顿

除加利福尼亚之外，华盛顿州出产美国最好的葡萄酒。这里有750多家酒厂，大多数位于喀斯喀特山脉以东，遍布全州的13个AVAs。地形因素使得华盛顿许多地方比加州阳光充足，使其成为黑葡萄品种的理想生长地，如赤霞珠、美乐、西拉、品丽珠和马贝克。哥伦比亚谷是该州最大的产区，境内有许多专业的小区域。每年平均降雨量在20~25厘米，昼夜温差大，很适合葡萄生长。

雅基马谷是哥伦比亚谷内的小产区，聚集着该州近一半的酒厂。该产区是华盛顿州首个获批的AVA，被看作华盛顿州葡萄酒的发源地。这里的葡萄酒业前景广阔，罗斯福总统新政时期倡导大面积种植，苹果树占据了好的地势；而如今，这些苹果树正被葡萄树所替代。

最近加入华盛顿 AVAs 的是纳奇斯高地，位于哥伦比亚谷内。2012 年注册，是该州首个可持续 AVA——所有七个葡萄园进行有机、可持续和（或）生物动力农业耕作。

1871 年在雅基马山谷，种植了华盛顿首批葡萄。

夏天生长季节的华盛顿州雅基马葡萄园

纽约

1976年，纽约通过《农场酒庄法案》。许多家庭农场葡萄庄得以创建，构成了如今葡萄酒社团的主要组成部分。其他州纷纷效仿并创建了适合自己州的法案，推动了葡萄酒的生产。

纽约有四个葡萄酒主要产区：伊利湖、手指湖、哈德逊山谷和长岛。每个产区内有更小的专种某种葡萄的AVAs。在长岛，有大约50家小规模生产葡萄酒的酒厂，配备有品酒屋，甚至设有都市周末休闲度假的空间。气候凉爽潮湿，生产由品丽珠、美乐和赤霞珠酿造的特定酒品。

卡尤加位于该州北部手指湖产区内。气温略温暖，山丘斜坡为葡萄提供了良好的排水和阳光的曝晒。这里在纽约的葡萄酒业中尚属年轻，但前途一片光明。纽约市是美国烹饪艺术的舞台，当地葡萄酒总会在餐桌上有一席之地。

哈德逊河从奥尔巴尼流淌到纽约市，哈德逊山谷葡萄园正位于河畔。凉爽气候下在这里生长良好的葡萄有品丽珠和黑品乐。依偎在山谷里的是美国最古老的奔马葡萄庄园，早在19世纪初期开始种植葡萄。兄弟会酒厂创建于1839年，是美国最古老且持续运营的酒厂。

伊利湖葡萄园几乎全部种植康科德葡萄，用于制成果汁和果酱。

其他州

以下是其他重要的葡萄酒生产州及其专注的葡萄品种。

州	葡萄
康涅狄格州	黑品乐、品丽珠、美乐、千瑟乐
印第安纳州	赤霞珠、卡托巴
马里兰州	香宝馨、赤霞珠、美乐
马萨诸塞州	马雷夏尔福煦、赤霞珠、黑品乐、美乐
密歇根州	康科德、赤霞珠、美乐、黑品乐
新罕布什尔州	品丽珠、诺瓦雷、马雷夏尔福煦、香宝馨、美乐、马贝克、佳美娜
新泽西州	香宝馨、千瑟乐、赤霞珠、美乐、马雷夏尔福煦、黑品乐、里昂米勒
新墨西哥州	赤霞珠、黑品乐、美乐、增芳德、马贝克、多姿桃
俄亥俄州	卡托巴、康科德、赤霞珠、品丽珠、黑品乐、美乐
宾夕法尼亚州	香宝馨、品丽珠、美乐、赤霞珠、黑品乐
罗得岛州	马雷夏尔福煦、赤霞珠、品丽珠、美乐、黑品乐
得克萨斯州	赤霞珠、品丽珠、美乐、黑品乐、红宝石解百纳、香宝馨、千瑟乐
弗吉尼亚州	香宝馨、赤霞珠、品丽珠、美乐、黑品乐、巴贝拉

加拿大

1866年在皮利岛酿成加拿大首批商业葡萄酒，至19世纪末已有将近50家葡萄酒厂。因为所在地理位置，加拿大葡萄生长缓慢。除个别地区外，加拿大冷凉的气候难以周年种植葡萄。安大略省和不列颠哥伦比亚省是两个主要的葡萄酒产区，每个省内有小的指定种植区（DVAs），大多数加拿大优质葡萄酒在这里酿制。凉爽气候下长成的黑品乐和品丽珠酿出本国最好的红葡萄酒。

试试知名的卡蒂那(Catena)、德米诺酒庄苏珊娜巴尔博(Susana Balbo's Dominio del Plata)、布雷西亚(Bressia)和菲丽酒庄(Achával Ferrer)的出品。

每年阿根廷平均每人消费近70千克牛肉，享用时需要红葡萄酒进行搭配。3/4的阿根廷葡萄酒在本国消费。

法国本地的马贝克是阿根廷的主要品种，在葡萄根瘤蚜摧毁欧洲的葡萄园之后，它在自己的国家失宠，嫁接到美国砧木上会导致产量减少而不稳定。但阿根廷土壤含有砂质，可抵御葡萄根瘤蚜和其他虱虫和真菌病害。大多数葡萄自然种植，无需嫁接。

阿根廷

阿根廷是唯一在重要葡萄园周围没有水体的主要葡萄酒生产国。葡萄种植者利用安第斯山脉的优势调节其葡萄园的温度，同时采用山区径流水进行灌溉。由于山脉阻挡来自西部的大量雨水，阿根廷气候炎热，且极度干燥。

该国葡萄酒产量居全球第六，其中大部分采用马贝克酿制。阿根廷初登全球葡萄酒舞台，主要原因是国内消费能力下降。1970年，阿根廷每年人均消费122瓶葡萄酒，而目前的消费量还不及此一半。尽管如此，也仅有1/4的葡萄酒用于出口。葡萄园种植铺天盖地，阿根廷葡萄酒生产也随之增大。

由北向南，阿根廷有三个主要葡萄酒产区：北部省份、库约和巴塔哥尼亚。这些产区又进一步划分成许多小区域进行专业生产。萨尔塔是北部省份最主要的产区，面积不到4 000公顷，主要种植黑葡萄，如马贝克和赤霞珠。

三个主产区中，库约是最大的产区，其中的小产区是生产葡萄酒最重要的区域，包括拉里奥哈、门多萨和圣湖安。这些地方出产的马贝克可酿出阿根廷最好的葡萄酒，用橡木桶短时间陈化，醇厚，充满山区水果香、丝质柔滑。西拉、伯纳达、赤霞珠、塔那、美乐和小味而多也在全国各地栽培。

巴塔哥尼亚是阿根廷最南端的葡萄酒产区。凉爽的气候更适合黑品乐葡萄生长，是这里的主栽品种。由意大利酿酒名家因其萨罗切特家族创建的查克拉酒庄，使巴塔哥尼亚超优质黑品乐葡萄酒名扬四方。

20

智利

1548年，教父弗朗西斯科·卡拉兹栽种了葡萄树，使智利移民开始酿酒以庆祝圣餐，传播基督教义。

巴西1 000多家葡萄酒厂中的35家生产出巴西葡萄酒出口总量的90%。

1830年，法国人克劳迪奥·盖创建苗圃进行葡萄栽培，自那以后，智利与法国酿酒师建立了紧密联系。一直以来，法国酿酒师参与智利葡萄酒酿造，留下难以磨灭的影响。许多葡萄是法国品种，许多酿酒技术源自法国，还有法国公司的大批投资。

阿空加瓜山谷种植着喜欢温暖气候的葡萄品种，如赤霞珠、美乐和西拉。靠近海岸线的生产者则选择适宜凉爽气候的内比奥罗和黑品乐。再向南，靠近首都圣地亚哥是米埔山谷，年均降雨量仅30厘米，种植者利用安第斯山脉的径流水进行全年灌溉。该地区的赤霞珠葡萄酒丝质柔滑，有着奶油水果味。

在智利葡萄园发现的一件趣事是，他们认为的

智利的卡萨马琳酒庄

美乐实际上是另一个葡萄品种佳美娜。酿出的酒类似美乐，柔和，有着蓝莓和黑莓醋栗的香气。广泛种植的佳美娜，使得智利可以出产没有其他国家能比拟的酒品——各式各样的佳美娜酒。

巴西

南里奥格兰德州是巴西葡萄酒业的中心。该国葡萄酒地区在温度最寒冷的南部。塞拉高察是南里奥格兰德州的一个小区域，出产该国最好的葡萄酒。该地区成功引入外国酿酒商的投资，种植面积日益扩展。世界领先的葡萄酒酿造专家也蜂拥而至，考察巴西的葡萄酒业。

主要的黑葡萄品种有黑品乐、赤霞珠、美乐、丹那、安赛罗塔、艾哥朵拉、本地多瑞加、罗丽红，以及赤霞珠和歌海娜杂交种马瑟兰。品丽珠的种植面积也在迅速增加。

乌拉圭

乌拉圭是南美第四大葡萄酒生产国。大多数葡萄酒使用法国葡萄品种丹那酿制而成，色深，酒体饱满，富含黑色多刺水果味。该国的许多领先葡萄酒制造商是欧洲后裔，他们力图使这里的酒达到其欧洲同盟兄弟同样水平。1988年，乌拉圭创建了国家葡萄种植研究所，旨在提高该国葡萄酒质量和销量。

智利海岸沿线的葡萄园

乌拉圭最重要的黑葡萄品种丹娜

澳大利亚

奔富酒园是澳洲最重要的葡萄酒生产商。1961年，奔富Bin 61A系列首次尝试在波尔多举办盲品竞赛，从此打开了澳大利亚葡萄酒进入全球市场的大门。该国西拉、霞多丽和赤霞珠酿出的优质葡萄酒享有盛誉。

鉴于如今的黄尾袋鼠酒品取得的巨大成功，许多生产商开始大量生产类似的葡萄酒，富含果味，极具价值。曾经一度，任何葡萄都可以在该国种植、酿制葡萄酒。后来出现了极端事件，喜欢凉爽气候的黑品乐在炎热干燥的芭萝莎谷过度种植，造成灾难性的后果。经过这次失败的教训，该国领先的生产商正在澳大利亚65个种植地区搜寻凉爽气候区域以改善种植。

位于高海拔的新葡萄园和酿酒技术的改进给澳大利亚葡萄酒业带来广阔前景。西拉生产者尝试不同的葡萄园种植和发酵方法，如整串发酵，可使酒带上更多的泥土和果梗

味。酒厂避免使用新橡木桶，而是选择更大的旧橡木桶，酿出果味与橡木单宁融合得更好的美酒。这些变化令一位澳大利亚知名葡萄酒专家迈克·希尔·史密斯，觉得澳大利亚的“好日子在后面”。

过去三十年，澳大利亚葡萄酒业发展非比寻常。从1982年到2007年，出口量从800万升增加到80 500万升。该国一直在倡导要成为“世界领先的高质量葡萄酒出口国”，如今澳大利亚紧随欧洲的法国、意大利和西班牙三国之后，成为第四大葡萄酒出口国。取得的成功进一步促进了葡萄酒业增长，据估计，每天用来种植霞多丽的土地会增加4公顷，每84小时就有一家新的酒厂诞生。

主要的葡萄酒产区都位于南部海岸，主产区进一步划分为更小的产区，每个小产区都有特色酒品。各区温度和土壤迥异，但普遍干燥，大多数地方必需进行灌溉。

澳大利亚南部

库纳瓦拉在该国最南端，葡萄通常晚收。这里的红色肥沃土壤称作特罗莎，富含石灰岩，生长出的赤霞珠和西拉酿出澳大利亚最好的葡萄酒，色泽饱满，风味浓郁，可长时间陈化。

澳大利亚最著名的酒——奔富生产的葛兰许源自芭萝莎流域。最初在1951年用西拉加上少量赤霞珠酿制而成，有些类似于法国罗讷河谷埃米塔日的高品质葡萄酒。如果觉得这款酒过于奢侈，芭萝莎流域还有许多其他类型的西拉酒，果味丰富、单宁紧实。享有盛名的神恩山葡萄园坐落在伊顿谷，这里的西拉葡萄树龄超过135年，酿出的葡萄酒强劲有力，结构感强。

维多利亚

19世纪50年代，在澳大利亚发现金矿后，欧洲移民涌入维多利亚，带来他们对葡萄酒的渴求。葡萄园种植和葡萄酒酿造开始盛行。当黄金开采枯竭后，刚好出现了葡萄根瘤蚜，葡萄酒生产被迫停止，葡萄园也被舍弃了。将近100年前，在亚拉河谷玛丽山葡萄园开始再次种植葡萄。

维多利亚是澳大利亚最小的内陆州，其葡萄酒生产量在全国排名第二，仅落后于澳大利亚南部。詹姆士·哈里得，该国最有影响力的葡萄酒专家之一，于1985年在这里建立了冷溪山酒厂，其他酒厂也紧随其后。维多利亚昔日的辉煌将很快再现。卢森格林和国王谷产区以由麝香和蜜思卡岱酿制的甜酒而闻名。

库纳瓦拉，澳大利亚最适宜西拉生长的地区之一

新南威尔士州

猎人谷是新南威尔士州最重要的产区，盛产许多澳大利亚最受欢迎的葡萄酒。葡萄园得益于塔斯曼海的影响，同时靠近悉尼，便于游客游览。西拉是主要栽培品种，酿出的红葡萄酒厚重、香气浓郁。维欧尼和黑品乐也在这里长势良好。新南威尔士州的其他产区还包括马奇、奥兰治、考兰、滨海沿岸和澳大利亚最凉爽美丽的产区，坦巴伦巴。

昆士兰和北领地

昆士兰和北领地的葡萄园在上述地区的北部和东部，一度因为气温奇热而给葡萄种植带来病害。如今一些酒厂正在这里寻找可以开辟新葡萄园的好位置。老的葡萄园分布在各种环境中，如格兰奈特贝尔的高海拔葡萄园，海拔高度达1 000米。赤霞珠、霞多丽和西拉是主栽品种。因为地域条件所限，这里出产的好酒不多，能被发现的好酒通常都是极品。

新西兰

第二次世界大战结束后，返回新西兰的士兵对酒精饮料产生巨大需求。因此，葡萄酒产量猛增。酒的质量有所提高的同时，新葡萄园种植速度和葡萄酒生产速度成倍增加，酒业发展很快过剩。为了矫枉过正，1985年，政府购买了近1 214公顷葡萄园，铲除过剩的葡萄树，以稳定未来的市场供应。国家行为很快起到作用，如今新西兰用经典葡萄品种酿出令人感兴趣的新型酒款。

新西兰产区管理体系创建于1996年，规则比较宽松，不像欧洲国家那么严格，特别是葡萄品种可随意选择。评论家指责这个体系在地理位置限定和标签著录方面的规则太过随意。

怀卡托和丰盛湾是北岛的另两个产区。大部分是用于放牧的农田，该地区只有15个商业酒厂。赤霞珠和美乐是主栽葡萄品种。

该国有700家葡萄酒厂，大部分是小型的家庭经营模式。大约90%的酒厂全年产量不足20 000箱，导致新西兰的酒款非常多样化，对该国的种植潜力有不同的诠释。全年葡萄酒总产量约为2 200万箱，超过2/3用于出口，主要出口至英国、美国和澳大利亚。

中奥塔哥是新西兰黑品乐最知名的产地。该地区被认为是世界最南端的葡萄生长地，坐落于南阿尔卑斯山脉下。在山脉西侧，年平均降雨量约760厘米，而中奥塔哥年平均降雨量是38厘米。这使得葡萄树根部发达以探取水源，因而树体更为强壮，产出更优质更成熟的果实。这里一年四季干燥凉爽，是黑品乐理想的成长环境。接近南纬45度，葡萄园管理者在田间劳作时可以欣赏到顶部覆雪的山脉以及冰川。这一景观与位于北纬45度的俄勒冈很相似。

紫外线照射增强，抵消了新西兰南部气温的凉爽，刺激葡萄生长和发育。不过，太阳光的强烈照射对葡萄是有害的。许多葡萄园管理者采用枝叶遮蔽午后炎热的光线，保护葡萄果实。

新西兰南岛的葡萄园

北岛

北岛是新西兰首次尝试酿酒的地方，仅有16家商业酒厂。北岛气候温暖，生长的葡萄有赤霞珠、美乐和西拉。尽管这里的酒品质不错，但因温暖潮湿，使得这里的葡萄园全年管理有些困难。

美乐是在霍克斯湾种植最广泛的葡萄品种，酿出的酒酒体丰满，结构感强。霍克斯湾常年温暖，生长季节长，是该国日照时间最长的地区，疏松的土壤给葡萄树提供良好的排水条件。150多家酒厂中超过70%积极参与了新西兰葡萄可持续种植运动。

飞腾酒庄，新西兰最好的酒庄之一

南岛

坎特伯雷和怀帕特是两大酿酒区，霞多丽和黑品乐占领了60%的葡萄园。年平均降雨量为63厘米，秋季凉爽。大多数葡萄园种植在冲积平原和谷地，酿出酒体轻至中等，清新芬芳的葡萄酒。

在南岛或是全国，中奥塔哥以盛产红葡萄酒著称。葡萄种植在山坡上，阳光充足，同时避开了春秋季节的霜冻。一直到最近，这里的种植者还在挑选着最适合的葡萄品种。大多数种植者采用德国白葡萄品种以确保产量，事实证明这个品种在凉爽气候下产量颇丰。也有其他种植者采用黑品乐和另外的红葡萄品种。随着发展黑品乐逐渐成为首选，在所有葡萄园中占80%以上。

因南阿尔卑斯山脉挡住了雨水，这里气候比较干燥，使得种植者无需使用防止腐烂的化学药剂，也避免了潮湿环境中易产生的真菌病害。黑品乐酒柔滑香甜，带有蘑菇和覆盆子的芳香。在大家谈论法国勃艮第红葡萄酒时，南岛的黑品乐酒也因其良好的平衡性而被提及。

南非

几乎所有南非葡萄园都在开普敦161千米境内。斯泰伦博斯和帕尔是最好的葡萄酒区。南非种植的葡萄品种众多，最重要的葡萄是黑品乐和神索的杂交品种——品乐塔吉。消费者要么是品乐塔吉的忠实粉丝，要么就是坚决抗拒，很少有人是中间派。葡萄酒味道相当美，但不如黑品乐酒那样令人兴奋。因为在南非之外很少种植这种葡萄，要使品乐塔吉酒为大众所接受，就得依靠南非的制酒者们。南非也种植黑品乐、赤霞珠、品丽珠、美乐和西拉。

南非有三个主要的葡萄酒产区：沿海地区、博贝格地区和布里德河谷地区。这些地区内又有分区，并进一步划分成小区（类似于产区）。斯泰伦博斯在沿海地区，被认为是酿造葡萄酒最好的地区。斯瓦特兰和开普角的葡萄酒质量正在提升。帕尔在斯泰伦博斯东北部，以种植西拉闻名。

其他葡萄酒产区也在崛起，生产商们正在寻找冷热交汇最好的地方，以产出高质量的葡萄，并最终酿制出复杂美味的葡萄酒。在克莱因卡鲁和奥利凡茨河，生产者们酿出令人兴奋的美酒，值得一试。

其他非洲国家

20世纪上半叶，阿尔及利亚在国际葡萄酒市场中占据主要位置。在其统辖的区域内，有近404 685公顷葡萄园。如今仅存不到一半。75%以上的葡萄园已经有40年的历史，提供现成的优质葡萄。值得尝试的红葡萄酒有神索、歌海娜和佳丽酿。

摩洛哥和突尼斯曾一度盛产葡萄酒，但在穆斯林统治下，葡萄酒业被扼杀。在过去的100年内，两个国家从与法国和其他欧洲国家的历史文化交流中获益。许多最好的葡萄酒由佳丽酿、神索和赤霞珠酿制而成。

中国

中国在葡萄酒生产中正在成为全球领袖的候选人之一，许多外国公司前来投资。尽管一些赤霞珠和美乐酒令人失望，但宁夏、陕西和山东的葡萄酒值得品尝。中国仍然需要学习在特定的区域如何选择葡萄品种。充满希望的是中国本地葡萄品种逐渐崭露头角，促进了葡萄酒业的发展。此前，许多新的葡萄酒生产者主要采用赤霞珠和美乐酿造葡萄酒。

试试来自斯泰伦博斯以下小区的葡萄酒：

- 琼克肖克谷
- 西蒙斯贝尔格－斯泰伦博斯
- 波特拉里
- 德文谷
- 帕普加伊堡

突尼斯的一些葡萄园位于比西西里岛更北的区域。

旧世界起泡酒

莫尼耶品乐因其在葡萄园里的外观，被称为米勒品乐。有斑点的叶子使它们看上去像是被撒上了面粉。

香槟不仅仅用于干杯和庆祝。碳酸和鲜明的酸度使它可与各种各样的食物搭配。尝试将其与汤、辣菜、油炸食品、生海鲜菜肴和软奶酪搭配。

兰斯山产区内靠近韦尔泽奈的香槟葡萄园

法国

世界上最好的起泡酒产于法国北部，巴黎东部的香槟地区。位于北纬48度，在香槟地区种植葡萄具有挑战性。低温、春季的霜冻和秋季的冰雹是农民面临的几个障碍。理想情况下，使用高酸度葡萄酿造起泡酒，可使成品脆爽新鲜，酒体平衡。如果使用过度丰满成熟的葡萄，酿成的酒将缺乏矿物物，丧失优雅。这样一来，香槟地区的低温就是理想条件了。

有三个主要的葡萄品种用来制作香槟：霞多丽、黑品乐和莫尼耶品乐。虽然黑品乐和莫尼耶品乐是红色品种，但它们通常用来制作白色起泡酒。要在收获期间，将果汁从压榨的葡萄皮中分离出。

许多生产商使用1~3种葡萄酿制混合葡萄酒。每种葡萄为成品酒带来一种特性：霞多丽带来优雅与精致；黑品乐带来结构感、劲道，同时充实酒体；莫尼耶品乐带来果味、清新和可接受度。平均水平下，混合酒中莫尼耶品乐和黑品乐占60%~70%，其余的是霞多丽。

标签上写有“Blanc de Blanc”的葡萄酒完全由霞多丽酿造，写着“Blanc de Noir”的葡萄酒是从压榨的黑葡萄中沥取清澈果汁酿制而成。虽然字面上看是白葡萄酒，但它们可以呈粉红色或肉色。而桃红酒的酿制方法有两种，第一种是白葡萄酒与少量红葡萄酒混合；第二种方法是黑皮葡萄压榨出的果汁浸渍压碎的葡萄皮一段时间而使果汁着色。

柔和的气泡，微妙而复杂的风味，使香槟酒明显优于其他起泡酒

有357个村庄经授权种植葡萄酿造香槟，遍及五个主要地区。

① **兰斯山产区** 位于兰斯市南部，适合黑品乐生长。

② **布朗酒区** 埃佩尔奈城东面和南面朝阳的长坡，几乎只种植霞多丽葡萄。

③ **马恩谷** 围绕马恩河的狭长地带，包围埃佩尔奈，莫尼耶品乐是这里最受欢迎的品种。

④ **塞泽讷酒区** 布朗酒区西南面的小块葡萄园。

⑤ **奥布省** 香槟区域最南端边界的偏远地区。

去除酵母泥渣过程之前，一瓶带沉淀物的起泡酒

有17个最好的村庄被称为特级酒庄村。也有高级酒庄或普通酒庄。只有采用特级酒庄或高级酒庄的果实酿出的酒才能在标签上标注这些名称。如果你正在寻找香槟最好的酒，那就从特级酒庄级别葡萄酒中找找看。虽然价格昂贵，但大多数情况下物有所值。

香槟的绝对优势使得其他国家的生产商在其起泡酒的标签上标记“香槟”。但最近，出台了保护真正香槟酒生产商的新规则。大多数葡萄业领先的国家，禁止其生产商标注他们的起泡酒为香槟。并非所有国家都采用这一规则，因此在法国以外，你可能随时会发现一些标着“香槟”的葡萄酒。在美国，生产商禁止在标签上使用“香槟”，除非是2006年之前贴上的标签。

请记住，最优质的起泡酒是通过在每个酒瓶中进行二次发酵酿制而成。基酒混合之后，少量的二次发酵糖液（葡萄酒、糖和酵母混合液）加入每个酒瓶中，发酵开始。随着酵母细胞死亡，它们在瓶内形成沉淀物。带着这些沉淀物延长陈化时间，形成香槟标志性的特色：浓郁的烤面包、蛋糕、面包、奶油、香草和水果香味。当沉淀物被清除时，这个过程称作去除酵母泥渣，剩下的葡萄酒干净纯洁。在软木塞放入瓶子里之前，再加入糖和酒的混合物，以调节最终的成品甜度。

天气条件的急剧变化，使香槟每年产量发生变化，年产量在2.5亿~3.5亿瓶波动。平均来说，香槟酒占全世界起泡酒的10%。

请试试以下不算昂贵的法国香槟酒：

- 阿尔萨斯起泡酒——产自阿尔萨斯，主要由白品乐、灰品乐、雷司令和黑品乐酿制而成。
- 勃艮第起泡酒——产自勃艮第，主要由阿里高特、霞多丽、白品乐和雷司令酿制而成。
- 汝拉起泡酒——产自汝拉，主要由霞多丽、灰品乐、黑品乐、普萨和莎瓦涅酿制而成。
- 利慕起泡酒——产自朗格多克-鲁西荣，主要由莫扎克、霞多丽和白诗南酿制而成。
- 卢瓦尔起泡酒——产自卢瓦尔谷，主要由白诗南酿制而成。

从干型酒到甜酒

以下是按照甜度将香槟酒进行分类：

绝干型(Brut Nature/Brut Zero)

全干，全无添加糖分

超干型(Extra Brut)

几近全干：每升0~5克残糖

极干型(Brut)

很干：每升5~15克残糖

超淡型(Extra Sec/Extra Dry)

半干：每升2~20克残糖

淡型/干型(Sec/Dry)

半干型至微甜：每升17~35克残糖

半甜型(Demi-Sec)

中等甜度：每升35~50克残糖

甜型(Sec)

非常甜：每升50克以上残糖

购买香槟酒

购买香槟，要了解香槟的不同风格及其标注方法。

无年份酒　每年生产的香槟酒有80%是无年份酒，采用不同年份的基酒调和而成，形成统一的风格。根据法律规定，无年份酒在去除酵母泥渣之前至少要陈化15个月。这些葡萄酒用于直接消费，如果没开瓶，也可以陈放小几年。

年份酒　标有年份酒的酒品是在葡萄品质非常好的年份酿制的。平均每十年，每家酿酒厂会有三年生产年份酒。根据法律，标有年份酒的葡萄酒在去除酵母泥渣之前至少要陈化三年。葡萄酒与酵母泥渣的延长接触时间产生了丰富而复杂的风味。

最值得珍藏的葡萄酒是比最短陈化期时间长一些的葡萄酒。起泡葡萄酒买来后可稍陈化一段时间；但在5~10年内享用会展现其最佳状态。

名望酒 这种酒是各家酒厂最高品质的酒，在酿制年份酒的年度用最好的葡萄园出产的果实生产。许多名望酒都是白葡萄酒或桃红酒。这些香槟酒在购买后，还可以继续陈化几十年。慢慢地，它们变成深黄色的，带上燧石、烟熏和面包混合的复杂香气，质地丝滑。这一类型中深受青睐、值得珍藏的葡萄酒品种如下：

- “Cuvée Sir Winston churchill”——保罗杰
- “Comtes de Champagne”——泰亭哲
- “Cristal”——路易王妃
- “Crande Siècle”——罗兰百悦
- “Dom Pérignon”——酩悦

香槟酒市场主要受从其他农场购买葡萄进行葡萄酒酿制的企业或酒坊驱动。通过大范围购买葡萄，一些大酒坊的酿酒师得以充分选择葡萄，确保每年酿造同样风格的香槟酒。此外，这些大酒坊通常都有自己的葡萄园，生长的果实用于生产年份酒和名望酒。总的来说，香槟酒坊的市场占全部香槟酒一半以上，但只拥有大约10%的葡萄园。他们在标签上标注字母“NM”，意思是酒商加工(Négociant-Manipulant)。

香槟区的巨大变化，就是越来越多原来向大酒坊出售果实的小酒庄，现在自己开始酿酒。这类“种植者香槟”开始在葡萄酒世界占有一席之地，追捧者们热衷于这些生产商的出品：欧歌利屋、皮尔吉莫奈、加斯顿切昆特和雅克瑟洛斯。这些农民生产者可以提供更个性化的产品，但因生长季存在差异，每年葡萄酒的质量多变。通常情况下，这种酒比大酒坊生产的酒更便宜，但也不尽然。法国有几千家“种植者香槟”生产者，但出口到美国的不到200家，这一数字在增加，未来几年，还会继续增加。“种植者香槟”的标签上标有字母“RM”，意思是种植者加工(Récoltant-Manipulant)。

意大利

威尼托

意大利最受欢迎的起泡酒大多由普罗塞克葡萄酿制而成，大部分产自意大利东北部的威尼托。普罗塞克酒一直是深受欢迎的有趣、果香浓郁、随和的起泡酒。普罗塞克起泡酒的制作方式类似香槟酒，主要区别在于，产生二氧化碳的二次发酵是在大型储罐中进行的，而不是在单独的瓶子里。这种方式称作查马法或者罐法。之后再进行装瓶。

这种更为经济的酿造方法酿出的酒酒体圆润，带有桃子、梨和接骨木花的香气，单独饮用或配餐都很合适。普罗塞克酒还常作烹饪配料，比如用于制作蘸食牡蛎的木犀酱。普罗塞克酒也是酒吧的必备酒品，可用于调制各种鸡尾酒，比如著名的贝利尼。

在整个地区都在酿造普罗塞克酒的同时，也有两个城镇因其独特的葡萄园和葡萄酒而闻名——科内利亚诺和瓦尔多比亚德尼，都位于威尼斯西北大约48千米。标有这两个城镇名称的普罗塞克酒都在这里出产。

瓦尔多比亚德尼内的小区域卡蒂滋，出产最高档、最昂贵的普罗塞克酒。一些生产商用香槟方法酿造葡萄酒，在意大利称作经典法。酒体与死酵母细胞沉淀物充分接触，形成奶油般的丰满口感。一种清新易饮的桃红酒由普罗塞克混合少量黑品乐或其他黑葡萄品种酿制而成。大部分普罗塞克酒无年份。

自19世纪60年代，卡玛酒庄对查马法进行了改进，大大提高了普罗塞克酒的质量。

2009年，普罗塞克葡萄的名字改为格雷拉。这两个名字在葡萄酒标签上都可使用，但建议用格雷拉称呼葡萄，普罗塞克称呼产区。

购买普罗塞克酒，有必要了解一些专有词。大多数葡萄酒为无年份酒，标注为干型酒。其他一些专有词的定义如下：

Saten：仅用白葡萄品种酿制，主要是霞多丽和白品乐，装瓶时瓶中压力比其他酒小一些，使得碳酸细质柔润。

Millesimato：年份酒的意大利语表示方法。

Pas Operé or Pas Dose：用来表示不加入糖浆液调节甜度的葡萄酒。本质上，他们相当于绝干型或超干型香槟类别。

Rosé：必须最少含有25%的黑品乐。

在这四个区域之外，也有很多意大利生产者酿制起泡酒。推荐以下酒庄的出品（同时列出了主要葡萄品种）：

- Bruno DeConcilis——菲亚诺/阿格里亚尼科"塞利姆"（坎帕尼亚）
- Murgo——马斯卡斯奈莱洛粉红酒（西西里）
- Erpacrife——内比奥罗（皮埃蒙特）
- Colluta——博拉基亚拉（弗留利）
- Bisson——维蒙蒂诺（利古里亚）
- Conti di Buscareto——拉奎马（马尔凯）

伦巴第

伦巴第每年大约生产1.5亿瓶普罗塞克酒，这个数字使得意大利的起泡酒主产区——弗朗齐亚柯达相形见绌。弗朗齐亚柯达位于米兰东部，是意大利生产优质起泡酒的中心，法规规定这里所有葡萄酒必须采用经典法酿制。年产量在1 500万瓶左右，其中大部分来自小型生产商。

这里的土壤和气候条件与香槟相似：富含石灰岩的粉土，气候凉爽。石土保留了太阳的热量，帮助葡萄度过寒冷的夜晚。临近的伊塞奥湖夏季凉爽、秋季温暖的气团调节葡萄园的气温。由于葡萄酒制作与香槟酒类似，酒品呈现出使用瓶发酵特有的优雅和结构感。主要采用的葡萄品种是霞多丽、黑品乐和白品乐。像香槟区一样，弗朗齐亚柯达生产不同种类的葡萄酒，包括无年份酒、年份酒和优质年份酒。

虽然起泡酒已在伦巴第世代生产，直至20世纪60年代某些酒款才获得认可，并使得其他酿酒者纷纷效仿。贝亚维斯塔酒庄是酿制优质起泡酒的标杆，由维托莫雷蒂于1977年创建，在葡萄酒生产企

日落时的弗朗齐亚柯达葡萄园

业中出类拔萃。1981年伦巴第本土酿酒师马蒂亚·威泽拉加盟该酒厂，从此推出了几近完美的起泡酒，令意大利北部吸引更多人的眼球。

在弗朗齐亚柯达有超过100个酒庄，每年共生产1 500万瓶酒。相比之下，法国的一些香槟酒企业，仅一家的年产量就超过1 500万瓶。

特伦托法拉利起泡酒庄的葡萄园

皮德蒙特高原

在皮德蒙特，起泡酒生产地在阿尔特朗格产区。“阿尔特(Alta)”是指朗格山地内的高海拔葡萄园，皮德蒙特最重要的葡萄酒地区。霞多丽和黑品乐在这里的气候中长势良好，也是法律规定的基本葡萄品种。所有阿尔特朗格起泡酒必须用经典法酿制。

特伦蒂诺

特伦托位于意大利北部地区的特伦蒂诺，出产优质起泡酒。气候凉爽，葡萄树生长在混合粉砂和砾石的土壤中，底层是石灰岩，是几千年前冰川消退的遗迹。来自阿迪杰河的温暖气流有助于调节适合霞多丽和黑品乐生长的全年气温。法拉利起泡酒庄成立于1902年，是这里的最主要生产商，正是他使得该地区的起泡酒闻名遐迩。采用经典法生产，酒品新鲜、纯净、充满饼干和烤面包香气。如果是每天饮用的起泡酒，可试试这里的旗舰酒：无年份干型酒。如果是特殊场合，则可选择他们的高端酒品：法拉利朱里奥创始人珍藏起泡酒。

西班牙

西班牙起泡酒业建立在卡特卢那，可追溯到19世纪70年代。在佩内德斯，一些生产商，比如科多纽的吉斯·拉文图斯，努力用霞多丽和黑品乐拷贝出香槟风格的酒。然而这里的气候并不适合霞多丽和黑品乐，生产商最终发现本地葡萄生长得更好。多年来，生产商在他们的葡萄酒标签上标注“Champaña”即西班牙语的“香槟酒”。遭到香槟地区生产者的强烈反对后，这个名称改为“Cava”（卡瓦），加泰罗尼亚语中“酒窖”的意思。卡瓦酒的生产要求非常宽松，很难管理不同的生产商。超过95%的卡瓦酒产于卡特卢那，采用香槟酒的生产方式酿造。

用于酿造卡瓦酒的三种主要葡萄是：马卡贝奥（维尤拉）、沙雷格和帕雷亚达。最好的葡萄酒由本地葡萄酿造而成，带有轻微的泥土气息，带有橙子、茴香和苹果味道。用于混合的霞多丽也日益受到欢迎，它通常用于需要陈年的酒，以丰满酒体、增加优雅。卡瓦桃红酒主要由歌海娜、莫纳斯特雷尔和黑比诺酿制而成。

西班牙卡瓦酒依其陈年时间分为三个级别：

① 基线酒—9 个月

② 珍藏酒—15 个月

③ 特级珍藏酒—30 个月

在葡萄酒店搜寻西班牙卡瓦酒，就认准软木塞上印有的四角星标记。

卡瓦酒生产商菲斯奈特是世界上最大的起泡酒生产商。

卡瓦是西班牙唯一未被限定在连续地理区域的产区。1986 年，欧盟葡萄酒组织宣布，产区认定必须有明确的地理条件限定，以及特定葡萄品种和种植方法。西班牙政府确定跨越西班牙北部 160 个不同村庄作为卡瓦产区，主要是种植葡萄酿制卡瓦酒的葡萄园。

新世界起泡酒

美国

美国葡萄酒业在许多方面还很年轻，还需要研究消费者的口味，以及不同区域应该选择怎样的葡萄品种，确定出致力生产起泡酒的特定区域。未来，加利福尼亚、纽约和新墨西哥州的生产商都努力成为美国起泡酒的先锋。加州生产美国大部分的葡萄酒，毫无意外在这个葡萄酒的黄金州地有很多可以尝试。加州的酒大多数在凉爽地区酿制，如卡内罗斯、安德森山谷、俄罗斯河谷、圣塔玛丽亚谷和圣塔丽塔山。最好的起泡酒用霞多丽和黑品乐，

1892年，波西米亚移民科贝尔兄弟生产出第一瓶美国起泡酒。

推荐的加州起泡酒生产商：

- 卡内罗斯酒庄——卡内罗斯
- 香桐酒庄——纳帕谷
- 格洛里亚－费雷尔——卡内罗斯
- 汉德利酒窖——安德森山谷
- 铁马酒庄——绿山谷
- 王妃酒庄 —— 安德森山谷
- 斯拉姆斯伯格—— 北海岸
- 斯慕克海酒窖——圣塔丽塔山
- 派伯索诺玛——索诺玛
- 河岸酒庄——圣塔玛丽亚谷
- 维沙托酒庄—纳帕谷

采用香槟法酿制而成，媲美法国香槟酒。

纽约州的手指湖产区出产不错的起泡酒，由雷司令和其他白葡萄品种酿制而成。试试以下生产商的起泡酒：达米亚尼葡萄酒公司、道格拉斯山酒厂、奔狐葡萄园、格莱诺酒窖、观鹅酒厂、红尾岭，以及美国持续运营时间最长的酒厂——兄弟会酒厂。

新墨西哥州的葡萄酒业曾经朝气蓬勃，葡萄园的历史可以追溯到1629年，当时由教士们在这里种植弥生葡萄。截至19世纪80年代末，其葡萄酒生产量位列全国第五。禁酒令之后，来到新墨西哥州的酿酒师很高兴地发现，这里温暖的白天和凉爽的夜晚给葡萄生产带来完美条件。目前，该州有40多家酒厂。最好的葡萄园在里奥格兰德河谷内，由歌鲁特酒厂主导。该酒厂由原来在法国香槟的劳伦·歌鲁特和佛瑞德·希默于1987年创建。

其他起泡酒

寻找一款新的起泡酒，注意标签上的信息，比如葡萄品种，酿制方法（香槟法或查马法），产自哪里。葡萄酒爱好者有一个共同的观点，那就是好的起泡酒应该来自气候凉爽的地区。德国和奥地利出产优质起泡酒，分别主要由雷司令和绿维特利纳酿制。澳大利亚、加拿大、英国和阿根廷出产的起泡酒也很棒。

甜酒

大多数世界最好的甜酒用过熟的葡萄和/或干葡萄酿制而成，适时中断正在进行的酒精发酵，保留葡萄果实中的天然糖分。虽然大多数甜酒用白葡萄酿造，一些用红葡萄酿造的甜酒也一样很好。无论颜色如何，酿造甜酒的秘诀是找到糖和酸度间的平衡点。如糖分过多，葡萄酒黏腻，缺乏结构感和平衡性。种植者坚持使用成熟度最合适的葡萄，连续好几周在葡萄园中来回搜索，找到最中意的果实。确定好了正值佳期的葡萄，就手工采摘下来。之后，种植者再回到葡萄园，剪掉一些葡萄串，让留下的果实充分成熟。他们重复着这一工作，直到所有葡萄都收获完。如果这个时期的时间太长，突然的降霜就会导致剩下的葡萄受到损失。

法国

世界最著名的甜酒来自法国西南部波尔多产区的索泰尔纳、巴尔萨克和贝尔热拉克。由长相思和赛美蓉酿制的葡萄酒，丝质柔滑，带有醉人的杏干、桃子、菠萝和类似丁香、茴香香料的风味。这两种葡萄搭配完美：长相思带来鲜活与脆爽，赛美蓉形成油润丰满的酒体。有时也会少量加入蜜思卡岱。陈年后的酒华贵，呈深金色，带有干果和香料的复杂香气。

在卢瓦尔河谷，白诗南葡萄酿成复杂的甜酒，最有名的酒来自萨韦涅尔、莱昂和博恩佐产区。继续向东，阿尔萨斯干燥的气候使得酿酒商可以将果实留在树上直到晚秋。用被灰孢霉菌感染的晚收葡萄酿制而成的葡萄酒称为粒选贵腐酒，主要葡萄品种有雷司令、灰品乐、琼瑶浆和麝香。

当葡萄园出现灰霉病时，酿酒师非常兴奋。真菌在葡萄果实间湿气的滋养下，在温暖潮湿的环境中迅速繁殖。由于真菌攻击葡萄皮，带走葡萄中2/3的水分，使糖和酸浓缩。大多数值得陈年和珍藏的甜酒，是由感染了灰霉病的葡萄酿造而成，也称为“贵腐酒”。

右图：在乌拉圭，丹娜葡萄在树上干燥，直到晚秋

麝香葡萄，意大利皮埃蒙特的葡萄品种，酿制各种类型的甜酒

艾格尼酒厂的科维纳风干葡萄，压榨后制作丽巧多酒和阿玛诺酒

意大利

皮埃蒙特地区是该国最重要的甜酒产地。莫斯卡托阿斯蒂和阿斯蒂斯布曼德都是由阿斯蒂省的麝香葡萄酿制而成。酒款类型从轻微起泡到气泡丰满，特有的桃子、梨和花卉的香味会随着时间的增加而逐渐消退，因此最好在它们年轻时享用。布拉凯多阿奎是产自阿奎省的一款微泡酒，不太出名，有着黑莓和蔓越莓的风味。

在威托尼，酿酒师们用干葡萄酿制出高浓度的红色甜酒，标签上写着“Recioto della Valpolicella”。科维纳葡萄在酒厂的精致小屋中利用晾晒架和风扇晾干；或者，葡萄串挂在房椽上慢慢晾干，之后再进行榨汁。通过晾干葡萄使得糖分浓缩，制成的酒有着黑莓、皮革、西梅干和烘烤香料的风味。

托斯卡纳的桑托酒颇为知名，以风干的特雷比奥罗和玛尔维萨葡萄酿制而成。葡萄果实一直晾至复活节前一周，然后榨汁。装瓶之前，葡萄酒在50升的木桶中慢慢发酵几年。成品酒深琥珀色，带有甜味和柑橘味，以及杏仁和坚果的香气。

西西里岛有两个生产甜酒的独特岛屿。在东北部，利帕里和索利纳斯岛的生产者用玛尔维萨葡萄酿制出轻盈、可畅饮的甜酒。西北部，西西里和突尼斯之间的潘泰来里亚岛上，种植的麝香葡萄酿制出色深、活跃型甜酒。这种葡萄在本地被称作吉比波，酿出的酒称作帕西托-潘泰来里亚。

匈牙利

匈牙利对世界葡萄酒业的最大贡献就是在托卡伊地区酿造的甜酒，这一地区是欧洲最早的葡萄种植分级区域，可以追溯到18世纪初。从那时起，托卡伊甜酒就被欧洲王室贵族所喜爱。采用本地葡萄品种富尔民特酿制，色如琥珀，复杂眩目，多年的木桶陈化形成令人兴奋的复杂度。“托卡伊精华酒”酿制时，葡萄串盛放在大容量的容器中，自然流出果汁。顶层葡萄串的重量压在底层葡萄串上，流出的少量清汁要优于传统压榨方式取得的葡萄汁。

冰酒

德国、奥地利和加拿大使用冰冻葡萄酿出的甜酒颇为知名。无论是采用白葡萄品种雷司令、绿维特利纳或白威代尔，还是红葡萄品种品丽珠，都要等葡萄冰冻后再采摘。酿酒师耐心等待第一次冰冻，然后迅速行动采收葡萄。解冻前压榨，葡萄里的水分还是结冰状态，浓缩了糖分和酸度。因为冰冻葡萄供应有限，哪里生产的冰酒都很珍稀昂贵。

匈牙利巴拉顿湖岸边的葡萄园

加强酒

葡萄酒在发酵期间或之后加入中性酒精，就制成加强酒。添加酒精是控制发酵的一种方式。大多数酵母细胞能将糖转化至17%的酒精度。一旦酒精达到这一浓度，酵母细胞便不再活跃了。添加酒精，就是要增加成品的酒精浓度。

加强酒的生产中心在欧洲。葡萄牙以其波特酒闻名，产于该国北部；同样知名的还有葡萄牙的马德拉酒，产于该国西南部的岛屿。西班牙的特色加强酒是雪莉酒，产于西班牙西南角的安达卢西亚。大多数雪莉酒是干型至半干型，也有一些甜型雪莉酒。马沙拉酒是意大利最主要的加强酒，产自西西里岛西侧。

波特酒

波特酒产自葡萄牙北部的杜罗河谷，世界上最古老的法定酒区之一。葡萄大多生长在整个山谷中陡峭的梯田式葡萄园里。酿制红波特酒的品种主要有本土多瑞加、多瑞加弗兰卡、罗丽红、蒂娜曹、红巴罗卡、红阿玛瑞拉、红弗朗西斯、巴士塔多和莫里斯克。在混合酒中这些葡萄的含量至少要达到60%。少量生产的白波特酒酿制葡萄品种是高维奥、玛尔维萨菲娜、维奥仙豪、拉比加多、埃斯格纳高和福佳枣。

波特酒是由向发酵果汁中添加酒精酿成。葡萄收获后，送到酒厂压榨，保留葡萄皮（或茎）。发酵时葡萄皮一直浸渍在果汁中。几天后，部分发酵的葡萄酒与葡萄皮及沉淀物分开，这时约有1/3的糖分转化为酒精。加入酒精使其含量达到20%。

虽然并不是所有的加强酒都是甜的，但大部分加强酒都归类于“餐后甜酒”的类别。

苦艾酒和其他以葡萄酒制作的果汁饮料都是添加了香草、香料风味的加强酒。这类葡萄酒被划分为“加香酒”。

波特酒的运作类似香槟酒。大型波特酒坊从众多农户手中购买葡萄。每年储备葡萄，这样，酿酒师可以将不同年份的葡萄混合，生产出风格一致的酒。

只有年份波特酒值得陈年，其他波特酒都是买来即饮的。

在葡萄牙语中，在葡萄酒中加入酒精，称作“beneficio”；“Aguárdente”大意是“燃烧的水”，是用于加入到正在发酵的波特酒中的77%酒精含量的葡萄蒸馏酒。

售卖的波特酒大多呈红宝石色或茶色。红宝石波特酒装瓶之前在木桶或罐中陈化数年。在条件合适且葡萄格外好的情况下，将产出年份红宝石波特酒。标记为年份红宝石波特酒的最值得珍藏，也是最昂贵的。每年只有1%~3%的波特酒是年份酒。经过几十年瓶中积累了厚厚的沉淀物，倾倒时就要格外小心了。总之，红宝石波特酒颜色深红，果香浓郁。

茶色波特酒色彩轻快，是因为从葡萄皮中浸出的色素少，有时是与白波特酒混合而成。大多数茶色波特酒标明其年龄，如“10年”“20年”“30年”或“40年”。随着茶色波特酒在木桶中陈化，葡萄酒颜色散开，逐渐成为褐色或琥珀色。“20年茶色波特酒”广受喜爱，果味平衡，成熟得很好，没有那些更长年份的茶色波特酒的极度狂热和氧化特质。

在泰勒弗拉德盖特，波特酒使用大木桶进行陈化

马德拉酒

马德拉酒是来自马德拉岛和圣港岛的加强酒，这两个岛屿位于葡萄牙大陆的西南方。早先，干型餐酒用木桶从马德拉运出，在经过热带地区时，酒桶暴露在高温下，抵达目的地后原来的酒就变成带有坚果和焦糖风味的褐色葡萄酒，称为“马德拉型酒”。

今天，现代方法是在装瓶前“提前烹饪”葡萄酒。使用加热和氧化——这两种本可以毁坏葡萄酒的方法，马德拉酒生产商慢慢地、有条不紊地酿出这种芳香型酸性葡萄酒。在压榨、发酵、添加酒精以后，葡萄酒被装入大罐中，罐体内层由蒸汽或热水加热；或装进桶中，放置在温暖的房间或小屋中。如果是在桶中，缓慢的氧化、加热和蒸发过程，使得葡萄酒有着浓郁的坚果香气，浓烈的烤焦糖风味以及轻微的苦味。

采用的主要知名葡萄品种有赛尔斜、华帝露、鲍尔和玛尔维萨。赛尔斜酒被认为是最干型的马德拉酒，玛尔维萨酿出的酒则更为甜蜜与柔和。黑莫乐也常用于酿制马德拉酒，但不如前几种好；马德拉酒标签上如果没有标明使用的是哪一种葡萄，那就很可能是用的这种葡萄。与波特酒相似，马德拉年份酒葡萄牙语称为“Frasqueiras”，是最值得陈年也是最昂贵的酒。因为酒精含量高，像波特酒一样，马德拉酒在开瓶后，在丧失其特性之前，可以保存几周。

左图：马德拉修女山谷

葡萄牙语中，关于马德拉酒，“Estufagem”是在罐中加热葡萄酒几个月的过程，“Canteiro”是一年到头加热木桶中葡萄酒的过程。

马德拉酒的生产由马德拉生产和工艺研究所（IVBAM）监督，控制收获和生产方式。

雪利酒

有三个城镇呈三足鼎立态势生产雪莉酒：

① 赫雷斯－德拉弗龙特拉

② 圣玛利亚港

③ 桑卢卡尔－德巴拉梅达

摩尔人于711年征服西班牙，虽然葡萄酒被官方宣布为非法，但根据葡萄酒的收税记录来看，葡萄酒的生产一直在继续。摩尔人向西班牙人介绍蒸馏技术，先是用于医疗，然后用于酿制白兰地。这样，酒精强化方式用于葡萄酒，产生了西班牙最独特的葡萄酒——雪莉酒。

雪莉酒产自西班牙西南的安达卢西亚，酿制过程独特。赫雷斯产区是西班牙最热的地带，巴诺米洛、佩德罗希梅内斯和麝香等葡萄品种在砂土、黏土和白垩土中长势良好。葡萄成熟后，带到酒厂压榨、发酵。发酵后，最好的葡萄酒加强至大约15%的酒精含量，放入酒桶中。到了春季，木桶中的葡萄酒表面生出一层膜。这层膜称为酒花，它吸收微量残糖，降低酸度，并增添奶油和坚果风味；还防止葡萄酒过氧化。木桶中长满酒花称作菲诺酒，部分生成酒花则称作欧罗索酒。一旦分类后，它们与同类型的陈年雪莉酒在索莱拉系统中进行混合。

索莱拉系统的创建理念就是，将少量的陈酒混于新酒中，将新酒装进旧木桶，而不是将旧木桶全部清空。每年，有1/4~1/3最老木桶中的葡萄酒进行装瓶。抽出的葡萄酒以排在第二位的陈酒进行补充，更年轻的酒再用来补充前一层次的，如此这般，直到最年轻的酒。这种方法使得生产商可以保持稳定的酒品风格。将新酒与陈酒混合，给陈酒注入了青春活力。一些索莱拉系统有众多不同年份的葡萄酒。索莱拉系统在西班牙最为出名，也有其他国家在使用。

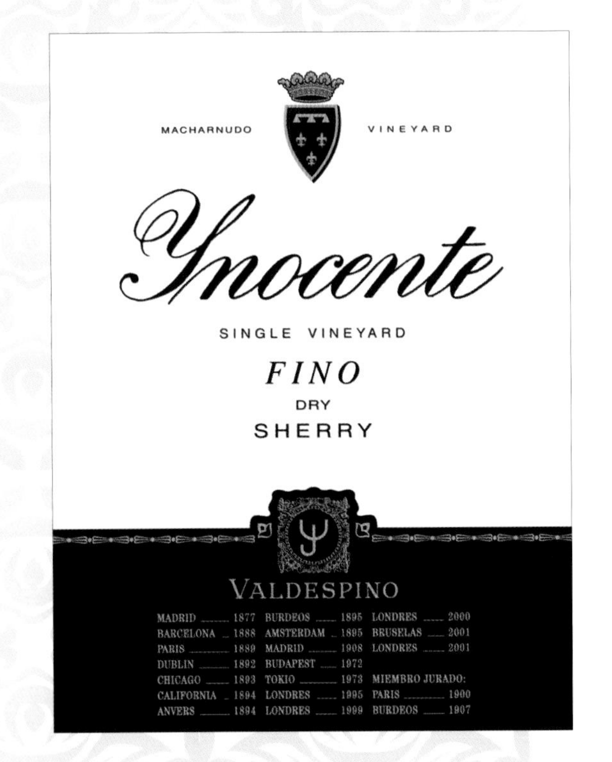

雪莉酒的类型

瓦尔德斯皮诺的酒桶海洋

阿蒙蒂亚酒　陈年的菲诺雪莉酒。正宗的阿蒙蒂亚雪莉酒总是干型的。

奶油雪莉酒　混合有甜餐酒的欧罗索雪莉酒，通常作为餐酒。

曼萨尼亚酒　产自桑卢卡尔-德巴拉梅达的菲诺雪莉酒。有些酒略有咸味，适合搭配新鲜的海鲜小吃。

巴罗科塔多酒　也是一种欧罗索雪莉酒。酒桶中的葡萄酒被层层酒花覆盖，最终酒花消退，形成欧罗索酒。展现出更多受氧化的香气和风味以及雪莉酒的干型特性。

马沙拉酒

马沙拉酒是主要由本地葡萄品种格里洛和卡塔拉托酿制而成的加强酒。同一家公司生产的酒品列级为波特酒、雪利酒和马德拉酒，过量生产出的马沙拉酒则用于烹调牛肉或鸡肉。在上佳状态下，马沙拉酒酒体复杂，有着强烈坚果味以及金葡萄干和蜂蜜风味。在西西里，有几家生产商仍然专注于马沙拉酒，推出世界级酒款，可与西班牙、葡萄牙最好的酒品相媲美。试试来自西西里最好的马沙拉酒，来自马克-芭托莉酒庄。

根据使用的葡萄种类，马沙拉酒分为三类：金色、琥珀色和宝石红色。金色和琥珀色马沙拉酒由白葡萄酿制而成；宝石红色马沙拉酒由黑葡萄酿制而成。第二种分类方式按照酒龄进行。优质马沙拉酒陈化时间大约一年，主要用于烹饪；特级马沙拉酒陈化时间最少两年；而特级珍藏马沙拉酒陈化时间为四年。马沙拉可以为甜型或干型，分别在标签上标注“dolce”或“secco”。

标注“Vergine”或“Soleras”的马沙拉酒最为浓烈复杂。陈化时间最少5年，干型酒，带有坚果、橙皮和香料的香气。因其受氧化的坚果味和香甜特质，这些类型的马沙拉酒在类型众多的甜酒中独领风骚。

在安达卢西亚，瓦尔德斯皮诺正在陈化的雪莉酒

参考资料

在我的职业生涯中，一直有朋友让我推荐有助于葡萄酒入门的书籍、读物和网站。以下是一些帮助我奠定葡萄酒基本知识的参考资料。

总体参考

Bastianich, Joseph and David Lynch. *The Regional Wines of Italy.* New York: Clarkson Potter, 2005.

Clarke, Oz. *Oz Clarke's New Encyclopedia of Wine: The Complete World of Wine, From Abruzzo to Zinfandel.* London: Webster's International Publishers Limited, 2003.

Herbst, Ron and Sharon Tyler Herbst. *The New Wine Lover's Companion: Second Edition.* New York: Barron's Educational Series, 2003.

Poyet, Elizabeth. *The Little Black Book of Wine: A Simple Guide to the World of Wine.* White Plains: Peter Pauper Press, 2004.

Robinson, Andrea. *Great Wine Made Simple: Straight Talk from a Master Sommelier.* New York: Clarkson Potter, 2005.

Robinson, Jancis. *How to Taste: A Guide to Enjoying Wine.* New York: Simon & Schuster, 2008.

Robinson, Jancis, editor. *The Oxford Companion to Wine.* Oxford: Oxford University Press, 1999.

Stevenson, Tom. *The Sotheby's Wine Encyclopedia: The Classic Reference to the Wines of the World, 4th Edition.* New York: Dorling Kindersley Publishers, 2005.

Zraly, Kevin. Windows on the World: Complete Wine Course, 2006 Edition. New York: Sterling Publishing Co., Inc., 2005.

配餐

Dornenburg, Andrew and Karen Page. *What to Drink with What You Eat: The Definitive Guide to Pairing Food with Wine, Beer, Spirits, Coffee, Tea—Even Water—Based on Expert Advice from America's Best Sommeliers.* New York: Bulfinch Press, 2006.

Goldstein, Evan. *Perfect Pairings: A Master Sommelier's Practical Advice for Partnering Wine with Food.* Berkeley and Los Angeles: University of California Press, 2006.

延伸阅读

Bastianich, Joseph. *Grandi Vini: An Opinionated Tour of Italy's 89 Finest Wines.* New York: Clarkson Potter, 2010.

McInerney, Jay. *The Juice: Vinous Veritas.* New York: Alfred A. Knopf, 2012.

Pinney, Thomas. *The Makers of American Wine: A Record of Two Hundred Years.* Berkeley, California: University of California Press, 2012.

Taber, George M. *Judgment of Paris: California vs. France and the Historic 1976 Paris Tasting That Revolutionized Wine.* New York: Scribner, 2005.

Taber, George M. *To Cork or Not To Cork: Tradition, Romance, Science, and the Battle for the Wine Bottle.* New York: Scribner, 2007.

Theise, Terry. *Reading Between the Vines.* Berkeley, California: University of California Press, 2010.

Wallace, Benjamin. *The Billionaire's Vinegar: The Mystery of the World's Most Expensive Bottle of Wine.* New York: Three Rivers Press, 2008.

网站与博客

www.thewinedoctor.com

葡萄酒专家克里斯基萨克的博客《葡萄酒博士》，内容涉及大量的葡萄酒相关主题。

wineeconomist.com

麦克·维塞斯的博客，分析解释当下全球葡萄酒市场。

www.wineforthestudent.com

本人的主页，提供一切与葡萄酒相关的知识和信息。

相关词汇

酸（Acid）——葡萄酒的一种味道，使葡萄酒生动鲜活。

酸的（Acidic）——用于描述酸水平高的葡萄酒，这种葡萄酒通常辛酸锋利。

曝气（Aerating）——将葡萄酒暴露在氧气中的举动，以释放酒中的香气和风味。

美国葡萄栽培区（AVA）——由美国政府划定和分类的葡萄种植区域。

产区（Appellation）——葡萄种植的限定区域，在此区域中酿酒师必须遵从特定的法规和条例。每个主要葡萄酒生产国都有其产区分级系统，有助于所生产葡萄酒的区分和评级。

法定产区（AOC）——法国的产区分级系统，限定地理位置、葡萄种类、陈年要求以及其他标准。

香气（Aroma）——葡萄酒的芳香气味。

简朴的（Austere）——描述葡萄酒含干涩单宁和高酸度，缺乏酒体和圆润感。

平衡（Balance）——描述葡萄酒某些特性比例适当，通常指酒精度、单宁、酸度、果味和苦味。

巴利克（Barrique）——容量为225升的木桶，全世界用于陈化葡萄酒最通用的尺寸。

搅桶（Bâtonnage）——在葡萄酒陈化和成熟过程中搅拌酒糟。它使酵母细胞重回酒中，使得葡萄酒有着更加圆润和润滑的质地。

泡珠（Bead）——描述起泡酒的细小气泡流。

大（Big）——描述葡萄酒具有力度、色彩、果香和（或）高酒精含量。

混合（Blending）——酿酒操作，使用多种葡萄酒混合成期望中的成品酒。

酒体（Body）——描述葡萄酒颜色和质地。经常用到的是：酒体轻盈、酒体中等和酒体丰满。

灰霉菌（Botrytis cinerea）——在特定条件下产生的有益霉菌，是酿造优质甜酒的主导因素，也称作“贵腐”。

酒香（Bouquet）——葡萄酒所散发出的总体气味。

通气（Breathe）——将葡萄酒暴露在空气中，使其变得更易饮。如果没有氧气，酒会变得凝滞呆板。

极干型（Brut）——用于描述干型起泡酒的法国葡萄酒术语。

叶盖（Canopy）——在特定的位置策略性地保留树叶，以使葡萄免受阳光、风和其他因素的伤害。

香槟法（Champagne method）——在酒瓶中进行二次发酵的起泡酒生产方法。之后，排出沉淀物，加入其他葡萄酒或酒精来调节甜度。被认为是制作起泡酒最好的方法，名称取自法国香槟，在那里世界顶级的起泡酒就是用此法酿制。

查马法（Charmat method）——二次发酵在一个大罐里进行的起泡酒酿制方法，之后再进行装瓶。也称作罐式发酵法。

耐嚼（Chewy）——描述葡萄酒含有强有力的单宁，口感紧涩。

闭塞的（Closed）——描述年轻、未成熟的红葡萄酒，几乎没有香气和风味。有时通气可以改善该状态。

朦胧的（Cloudy）——描述葡萄酒看上去阴暗模糊。这种状态有时候是酿酒师的失误造成的；有时候是因为没有过滤。

复杂的(Complex)——葡萄酒在优雅、丰富、酒精、酸度、平衡和香味等方面结合得很好。

酒塞味(Corked)——受软木塞气味影响的葡萄酒，香气沉闷，有类似霉味。

脆爽的(Crisp)——形容葡萄酒轻盈、尖利、清新和清爽。

葡萄园(Cru)——法语中意指“生长”。借指特定葡萄园或一组葡萄园。

酒槽酒(Cuvée)——高端或顶级葡萄酒。

滗析(Decanting)——将酒瓶中的葡萄酒倒入另一个瓶或容器中，以分离沉淀物，或帮助葡萄酒透气。

半甜型(Demi-sec)——一类轻微至中等甜度的起泡酒。

除酵母泥渣(Disgorgement)——源自法语dégorgement，二次发酵后从起泡酒瓶中排除沉淀物的过程。

甜度调节剂(Dosage)——葡萄酒与糖的混合物，有时是白兰地或柠檬酸，在二次发酵排除沉淀物之后加入起泡酒中。调节剂的甜度将确定葡萄酒的整体甜度。

干型(Dry)——描述葡萄酒品尝不出糖的风味或甜味。如葡萄汁中的所有糖分全都发酵为酒精，那就一定是干型酒，无论它是否品尝起来有水果或果汁的味道。

泥土味(Earthy)——让人联想到潮湿泥土的芳香气味。通常是葡萄酒好的特质，但如果过量了就会起消极作用。

优雅的(Elegant)——葡萄酒精致、平衡、有吸引力的特质。

精粹(Extract)——描述葡萄酒丰富、有深度、浓缩和具水果风味的优良特质。

超干型(Extra dry)——描述起泡酒呈半干型至微甜型，略有误导性。

发酵(Fermentation)——葡萄汁中的糖分转化为酒精的过程。

园地混合酒(Field blend)——用同一葡萄园或同一物产中的所有不同品种葡萄制成的混合葡萄酒。

纯化(Fining)——一种澄清葡萄酒的技术。在发酵或浸渍过程中加入班脱土或蛋清，以凝聚沉淀物和其他小碎片。

回味(Finish)——品酒后在口腔内残留萦绕的味道。高质量的葡萄酒回味悠长而复杂。

松弛(Flabbg)——描述葡萄酒缺少酸度，过度丰满厚重。

平淡(Flat)——描述葡萄酒味道寡淡、缺少酸度和结构。也用来描述失去碳酸的起泡酒。

肉质感(Fleshy)——描述葡萄酒质地、浓缩性和单宁达到平衡，品尝起来如同咬了一口熟透的苹果、李子或其他水果的感觉。

燧石味(Flinty)——描述燧石敲击石块或钢铁产生的香气或气味。通常用来描述来自石灰岩和富含砾石土壤的白葡萄酒。

酵母薄膜(Flor)——雪莉酒发酵过程中在表面形成的酵母薄层。

细长香槟杯(Flute)——饮用起泡酒时常用的细而长的葡萄酒玻璃杯。

加强酒(Fortified wine)——添加酒精的葡萄酒。

带汽酒(Frizzante)——指半起泡酒，如莫斯卡托阿斯蒂甜白酒、布拉凯多阿奎甜红酒，以及一些类型的蓝布鲁斯科酒。

果味(Fruity)——描述葡萄酒带有水果香气，如苹果、桃、梨、李子和樱桃。

酒体丰满(Full-bodied)——描述葡萄酒的颜色和风味浓郁、华丽和深厚。

特级葡萄庄(Grand Cru)——法语中指“生长得特

别好”。是单一葡萄园酒的最高称谓。通常是指在勃艮第、阿尔萨斯和香槟的葡萄园，地块小，土壤和外观差别巨大，相邻的园地可产出迥异的葡萄酒。

草香(Grassy)——描述散发着新鲜青草香味的葡萄酒，典型的如长相思酒。

半干酒(Halbtrocken)——德语中指半干或中等干度的葡萄酒。

模糊(Hazy)——描述葡萄酒因缺乏澄清或过滤过程而显得不够清澈。

香草味(Hebaceous)——描述葡萄酒带有香草的香气，如牛至、迷迭香、罗勒或薄荷。是葡萄酒的优点。如果这种味道过于强烈、刺激，就描述为“植物味(Vegetal)”。

杂交种(Hybid)——通过两种葡萄杂交形成的新的葡萄品种，具有不同的开花特性和叶片结构。

亮度(Intensity)——是指葡萄酒的颜色浓度。柔和轻型酒是说葡萄酒的亮度比较淡，深色和晦暗型酒则是指葡萄酒的亮度比较深。

卡比纳(Kabinett)——根据葡萄成熟度和糖分含量进行的德国葡萄酒分类。

乳酸(Lactic acid)——葡萄酒在苹果酸-乳酸发酵过程中产生的酸。出现乳酸的酒质感圆润油滑。

晚摘型(Late harvest)——用晚摘葡萄酿制的葡萄酒。

酒糟(Lees)——发酵后留下的死亡和过期酵母细胞沉积物。

酒腿(Legs)——玻璃杯旋转时，葡萄酒在内壁留下的痕迹。

酒体轻盈(Light-bodied)——描述葡萄酒轻盈、柔和易饮，果味、风味和酒精度等都不够厚重。

浸渍(Maceration)——使压碎的葡萄皮浸在新鲜葡萄汁中的过程。

马德拉(Maderized)——形容干型餐酒带上的浓重坚果味和氧化特征，通常是在瓶中受氧化时发生。但如果是指马德拉酒，这便成为褒义词，是指一种特意经过加热、氧化的加强酒，散发出醉人的焦糖、太妃糖和坚果香气。

大酒瓶(Magnum)——相当于两个标准瓶，1.5升容量。

苹果酸(Malic acid)——葡萄果实中天然的酸物质，类似青苹果中脆爽锐利的酸。

苹果酸-乳酸发酵(Malolactic fermentation)——由细菌引起的二次发酵，将锐利脆爽的苹果酸转化成圆润油滑的乳酸。不产生酒精。

成熟(Mature)——描述完美陈化的葡萄酒，酒的年份既不长也不短，展现出平衡的香气和风味。

肉味(Meaty)——葡萄酒展现出美味的肉、培根、牛皮和皮革香气和风味。

麦瑞泰基(Meritage)——用波尔多葡萄品种酿制的混合酒。

口感(Mouthfeel)——口腔中对葡萄酒质地和风味的感受。影响葡萄酒口感的因素有酸度、酒精、单宁、苦味和糖分。描述口感的常用术语有粗糙、柔和、强劲、丝滑和光滑。

葡萄汁(Must)——酿制成酒之前榨出的新鲜果汁。

新世界(New World)——欧洲之外酿制葡萄酒的国家，一般来讲，其葡萄酒文化比欧洲国家更为年轻。

贵腐(Noble rot)——见灰霉菌(Botrytis Cinerea)。

知名品种(Noble varieties)——来自欧洲主要葡萄酒产区的葡萄品种，在世界各地栽培，最受广大消费者认可。

无年份酒(Non-vintage)——用不同年份的葡萄混

合酿制而成的葡萄酒，确保酿酒师年年产出品质稳定的酒。起泡酒和加强酒通常采用此方法。

气味（Nose）——葡萄酒香气的总称。

坚果味（Nutty）——葡萄酒展现出坚果的香气和风味，包括杏仁、核桃、花生等。

橡木味（Oaky）——橡木桶带给葡萄酒的香气和风味。

半干型（Off-dry）——表示葡萄酒有最轻微甜度。

旧世界（Old World）——指欧洲葡萄酒国家，一般来讲其葡萄酒文化比其他葡萄酒生产国家更悠久。

氧化（Oxidized）——指在空气中暴露很长时间的葡萄酒。颜色通常为棕色，闻起来有坚果和潮湿水果味。又称“雪莉酒一般”或“马德拉”。

顶峰时期（Peak）——葡萄酒饮用最佳时期。大多数葡萄酒须在年轻时期饮用，但有些适合陈年的葡萄酒因年轻时含有紧致和青涩的单宁，因而在年轻时并不适饮。每种葡萄酒顶峰时期各不相同。

胡椒味（Peppery）——葡萄酒呈现出香料的风味和香气。

根瘤蚜（Phylloxera）——葡萄蚜虫或寄生虫，伤害葡萄树的根系。

多酚（Polyphenol）——葡萄皮、种子和果梗中的化合物，有助于预防心脏病和癌症。

果渣（Pomace）——葡萄压榨和发酵之前或之后过滤残留的皮渣、种子和果梗、果肉。有时果渣也用来蒸馏制成葡萄烈酒，如白兰地。

果肉（Pulp）——葡萄皮内部多汁的可食用部分。

凹槽（Punt）——葡萄酒瓶底部呈凹坑的酒窝。

优质法定产区酒（QmP）——德国最高级别的葡萄酒，字面意思是“确定质量”。

分离（Racking）——将葡萄酒从一个桶或罐中转到另一个桶或罐的过程，沉淀物留在罐底，有助于澄清葡萄酒。

原生酒（Racy）——描述酒体轻盈、酸度高的葡萄酒。

葡萄干味（Raisiny）——描述葡萄酒带有梅干、枣或其他干果的香味和风味。

珍藏酒（Reserve）——描述同类型葡萄酒中品质更高的酒品。界定珍藏酒的规则有所不同，所以不能保证珍藏酒就一定更出色。

残留糖分（Residual sugar）——在发酵期间未转换成酒精、残留在酒中的糖分。许多干型餐酒都有着微量的残留糖分。也有些葡萄酒在酿制过程中刻意中断发酵，以保留一定的糖分，增加酒体和甜度。

转瓶（Riddling）——陈化过程中，慢慢旋转和翻转起泡酒瓶，使沉淀物移向软木塞的过程。

醇美（Ripe）——描述葡萄酒具有美味、成熟水果的风味和香气。

健壮（Robust）——描述葡萄酒圆润、强劲有力。

圆润（Round）——描述葡萄酒柔滑、有着平衡得很好的天鹅绒般质地。

粗糙（Rough）——描述葡萄酒因富含单宁而显得口感糙杂。

干型（Sec）——法语中意指干型葡萄酒。如果是用于修饰起泡酒则表示甜味。

二次发酵（Secondary fermentation）——进行第二次酒精发酵，以收集产生的二氧化碳、酿制起泡酒的过程。

沉淀物（Sediment）——发酵后的残留物。也指葡萄酒陈年过程中留在瓶底的固体残留物。

烟熏味（Smoky）——描述葡萄酒带有烟熏的香气和风味。通常来自葡萄种植的土壤或酿制葡萄酒使用的橡木桶。

侍酒师（Sommelier）——餐厅专职于葡萄酒服务

的侍者或经理。

起泡酒(Sparkling wine)——通过收集酒精发酵产生的二氧化碳酿制的葡萄酒。

香料味(Spicy)——描述葡萄酒带有香料或胡椒味道。

起泡(Spumante)——意大利语中“起泡”的意思，指起泡酒。

果梗味(Stemmy)——描述葡萄酒带有苦味、植物味和干涩质地，通常是在浸渍过程中与果梗、果皮的接触时间延长导致。也称作“茎味”。

亚硫酸盐(Sulfites)——用于防止葡萄酒腐败。在发酵过程中添加少量亚硫酸盐，以阻止发酵，稳定葡萄酒。

柔顺的(Supple)——描述葡萄酒在各个令人愉悦的特质方面平衡得很好，如成熟水果风味和柔和、天鹅绒般的单宁。

酒泥陈酿法(Sur lie)——法语“在酒泥上”的意思。指保留发酵过程中形成的废酵母细胞陈化葡萄酒的过程。

餐酒(Table wine)——酒精度在7%~14%的静止葡萄酒的总称。

罐式发酵法(Tank method)——见查马法(Charmat method)。

单宁(Tannin)——葡萄皮、果茎和果蒂中存在的物质。发酵前，果汁浸渍果皮，单宁就会进入成品酒。单宁会使双颊与牙龈间有收敛和黏稠感。

风土(Terroir)——法语指“土壤”，指葡萄园的具体条件，如土壤、坡度、排水、海拔和气候。

瘦弱(Thin)——描述葡萄酒缺少酒体和结构感。

烤面包味(Toasty)——描述葡萄酒带有脆爽烤面包和面包糠的香气和风味。这是酒在橡木桶中陈化形成的，特别是那种制桶时壁板经过烘烤的橡木桶。

搭棚架(Trellising)——将枝叶捆绑在铁丝或其他支撑系统上，以促进枝条再生、使葡萄串暴露于太阳光下，有助于树体透气，防止腐烂。

干型(Trocken)——德语“干型酒”的表示方法，意指葡萄酒中几乎没有剩余糖分。

香草味(Vanilla)——葡萄酒展现出香草和奶油的香气和风味。缘于在橡木桶，特别是法国橡木桶中陈化。

单一品种酒(Varietal)——仅由一种葡萄酿制而成的葡萄酒。

品种(Variety)——葡萄某个种内的一个类型。

植物味(Vegetal)——描述葡萄酒带有青草和泥土的香气和风味。

丝绒般的(Velvety)——描述葡萄酒丝质顺滑，单宁和酸的含量低。

年份(Vintage)——葡萄种植和酿制成酒的年份。

栽培学(Viticulture)——葡萄栽培的科学。

酿酒葡萄(Vitis vinifera)——主要用于酿酒而栽植的葡萄。

酵母(Yeast)——将葡萄汁转化为葡萄酒的单细胞活性微生物。

产出(Yield)——所产出的葡萄酒的量。

致谢

我要感谢在我实现伟大梦想的前进路上，所有给予过我帮助的人。衷心感谢Lourdes、我的妈妈和爸爸、我的兄弟Nick和Chris、Michael Hill Smith、Joe Bastianich、Mario Batali、Lidia Bastianich、Diego Avanzato、Dan Drohan、Ryan Buttner、Evan Goldstein、Valter Scarbolo、Valter和Nadia Fissore、Nick Radisic、Alex和Adam Saper、Alex Pilas、Tracey Bachman、Mark Ladner、Farinetti一家、Jamie Stewart、Federico Zanuso、Marcello Lunelli和Ferrari一家、Patricia Toth、David Lynch、Penny Murray和Planeta一家，所有侍酒师，以及伟大的酿酒师。

照片来源

封面；环衬；pp. 10–11; 12（左）;15; 17（右）; 19–20; 31; 37（左上）;38; 39（左下）; 41; 49; 53; 56; 59; 64–65; 68; 73; 78; 84; 86–88; 89（右）; 90; 91（右下）; 92; 94–95; 105; 107（左上）; 109; 122; 127–129; 137–139; 142–143; 148–149; 152–153; 155; 166; 170; 172; 174–175; 179; 182–185; 189–190; 194–195; 201; 208; 封底：Thinkstock

扉页前；pp. 26–27; 28（左上）; 29（上）; 34–35; 46–47; 54–55; 66–67; 79; 83; 89（左下）; 118–119; 162–163: Dan Amatuzzi

pp. 8–9; 28（右上）; 39（右下）;133; 140: Chateau Frank and Dr. Frank's Vinifera Wine Cellars

pp. 4–5: Eataly，摄影师 Francesco Sapienza

pp. 6–7: Cantine Ferrari, courtesy of the Lunelli family

pp. 12（右下）; 13: Valdespino, courtesy of Jaime Gil of GrupoEstevez

pp. 14; 48: Azienda Agricola Emidio Pepe

pp. 16–17; 114; 158; 204（左上）: Fontanafredda

p. 18: Kumeu River Wines

pp. 21; 113（左下）; 150–151: Château Phéan Ségur

pp. 22; 24–25; 51（左上）: Maurizio Marino, Faceboard Foundation

p. 28（下）: Vinedo de los Vientos

pp. 30: The Bridgeman Art Library; 198: Getty Images

p. 33: Courtesy of Le Vigne di Zamo

pp. 37（右下）; 51（右）; 144: Shaw + Smith

p. 39（右上）: Valle Reale

pp. 42–43; 113（左上）; 156–157: Frederick Corriher, French Wine Importers

pp.29（左下）; 44–45: Melissa and Gunther di Giovanna of di Giovanna SRL

p. 50: Mirafiore

pp. 52; 60–61; 82; 159: Giacomo Borgogno e Figli, courtesy of Maurizio Marino, Faceboard Foundation

p. 57: Azienda Parusso Armando di Parusso F.lli

pp. 70–71; 85; 93; 97: Tracey Bachman

pp. 74; 75（上）; 76（下）; 77: Ken Pearlman of W. J. Deutsch & Sons

pp. 75（下）; 76（上）; 116（中）; 161（中）: courtesy of Allegrini

pp. 80–81; 160（左上和左下）; 100–101: Masi Agricola

p. 91（步骤1–6）: Lourdes Saillant

p. 96: Victoria Stark, courtesy of Dark Star ImPorts

p. 107（右下）: Château-Fuissé, courtesy of Elmer Contreras and Frederick Wildman ImPorters

p. 108: Dirler-Cadé, courtesy of Rob Novick and T. Edward Wine ImPorters

p. 110: InterLoice

p. 111: Alphonse Mellot, courtesy of Tomasso Pipitone and Domaine Select Wine Merchants

p. 115: Azienda Agricola Valter Scarbolo

p. 116（上）: Poggio al Tesoro, courtesy of Allegrini

p. 116（下）: Azienda Agricola Bucci

p. 117（上）: Chiara Pepe and Azienda Agricola Emidio Pepe

p. 117（下）: Valle Reale

p. 121: Spanish Vines

p. 124: Volker A. Donabaum

p. 131: St. Helena Public Library and Napa Valley Wine Library Association

pp. 134–135: Antica Napa Valley，摄影师 Kevin Cruff

p. 145: Keri Brandt, courtesy of Frederick Wildman

pp. 147; 186–187: Felton Road，摄影师 Andrea Johnson

p. 154: Rob Novick, courtesy of T. Edward Wine ImPorters

pp. 160（中）; 204（左下）: Allegrini

p. 161（上）: Consorzio del vino Brunello di Montalcino

p. 161（下）: Tenuta Castelbuono, courtesy of Ferrari/Lunelli family

p. 164: Valdespino, courtesy of Jaime Gil of Grupo Estevez

p. 167: Monika Caha Selections, Inc.

p. 168: Antica Winery，摄影师Bruce Fleming

p. 171: Opus One

p. 173: Bethel Heights，摄影师Pat Dudley

p.176: Pellegrini, courtesy of Jim Dickerman and Martin Scott Wines

pp. 180; 181（左）: Viña Casa Marín, Chile

pp. 181（右）; 203: Vinedo de los Vientos

p. 191: Guido Berlucchi Franciacorta

p. 193: Lyle Kula, courtesy of Kobrand

p. 196: Guido Berlucchi Franciacorta

p. 197: Cantine Ferrari/Lunelli family

p. 199: Pasternak Wine ImPorts

p. 200: Michael Skurnik Wines

p. 205（内插）: Pillitteri Estates Winery

p. 205（下）: Patricia Tóth

p. 207: Taylor Fladgate Partnership

p. 209: Paul Tortora, the Rare Wine Company

pp. 210–211: Jaime Gil, Grupo Estevez

在卢尔德，我一直记得：
一天一杯（葡萄）酒，不用医生来看我。

图书在版编目（CIP）数据

葡萄酒的第一堂课：从葡萄到美酒 / （美）阿麦都兹（Amatuzzi,D.）著；南京恩晨企业管理有限公司译. — 南京：东南大学出版社，2015.6

书名原文：A first course in wine

ISBN 978-7-5641-5502-5

Ⅰ.①萄… Ⅱ.①阿… ②南… Ⅲ.①葡萄酒-基本知识 Ⅳ.①TS262.6

中国版本图书馆CIP数据核字（2015）第029799号

江苏省版权局著作权合同登记

图字：10-2014-535号

葡萄酒的第一堂课

出版发行：东南大学出版社
社　　址：南京市四牌楼 2 号　邮编：210096
出 版 人：江建中
责任编辑：朱震霞
网　　址：http://www.seupress.com
电子邮箱：press@seupress.com
经　　销：全国各地新华书店
印　　刷：上海利丰雅高印刷有限公司
开　　本：889mm×1194mm　1/16
印　　张：14.25
字　　数：350千字
版　　次：2015年6月第1版
印　　次：2015年6月第1次印刷
书　　号：ISNB 978-7-5641-5502-5
定　　价：120.00元

本社图书若有印装质量问题，请直接与营销部联系。电话：025-83791830